AF464001

LES
SIX CHEVAUX
DU
CORBILLARD

PAR

EUGÈNE DE MARGERIE

LES SIX CHEVAUX DU CORBILLARD.
LE VAL DE LA SAULAIE.
FRAGMENTS DU JOURNAL D'UN MALADE.
UN MARIAGE SÉRIEUX.

PARIS
AMBROISE-BRAY, LIBRAIRE-ÉDITEUR
RUE CASSETTE, 20
—
1864

LES

SIX CHEVAUX

DU CORBILLARD.

BIBLIOTHÈQUE IMPÉRIALE

265

Y2

50836

OUVRAGES DU MÊME AUTEUR.

Lettres à un Jeune homme sur la piété, 3e édition. 1 vol. in-18 anglais. 2 fr. 50

Scènes de la Vie chrétienne (1re série), 3e édition. 1 vol. in-18 anglais. 2 fr. 50

Souvenirs de voyage. — L'apostolat conjugal. — Le maître de musique. — Natalie. — Utinam ! — Histoire de Gillette. — Le vieux Jacques. — Pourquoi mon oncle Maurice ne s'est jamais marié.

Scènes de la Vie chrétienne (2e série), 2e édition. 1 vol. in-18 anglais. 2 fr. 50

Alban. — Xantippe. — Les Amis d'Afrique. — Le Marchand d'images. — L'esprit chrétien. — Profils de curés. — Le prix d'une âme.

Contes d'un Promeneur. 2e édition. 1 beau volume in-18 angl. 2 fr. 50

Trois sacrifices. — Herman et Timour. — La dette de l'amitié. — Le premier vendredi. — Au bord de la mer. — Une histoire sans événements. — Mathias Cornélius.

Les Aventures d'un Berger. 2e édit. 1 vol. in-12. 1 fr. 50
— Ou 1 vol. in-18. Net. 60 c.

Cinquante Proverbes, *Causeries familières et chrétiennes,* 15e édition. 1 vol. in-12. 1 fr. 50
— Ou 1 vol. in-18. Net 60 c.

Cinquante Histoires, *pour faire suite aux Cinquante Proverbes.* 6e édition. 1 vol. in-12. 1 fr. 50
— Ou 1 vol. in-18. Net. 60 c.

Nouvelles Histoires, *pour faire suite aux Cinquante Proverbes et aux Cinquante Histoires.* 1 fr. 50
— Ou 1 vol. in-18. Net. 60 c.

Conditions exceptionnelles pour la petite édition in-18 des *Cinquante Proverbes,* des *Cinquante Histoires,* des *Nouvelles Histoires* et des *Aventures d'un Berger :* 12/10, 25/20, 65/50, 140/100.

Réminiscences d'un vieux Touriste. 1 vol. in-12. 2 fr.

La Légende d'Ali, suivie d'**Athanatopolis,** 1 volume in-12. 2 fr.

Versailles. — Imp. BEAU jeune, rue de l'Orangerie, 36.

LES

SIX CHEVAUX

DU

CORBILLARD

PAR

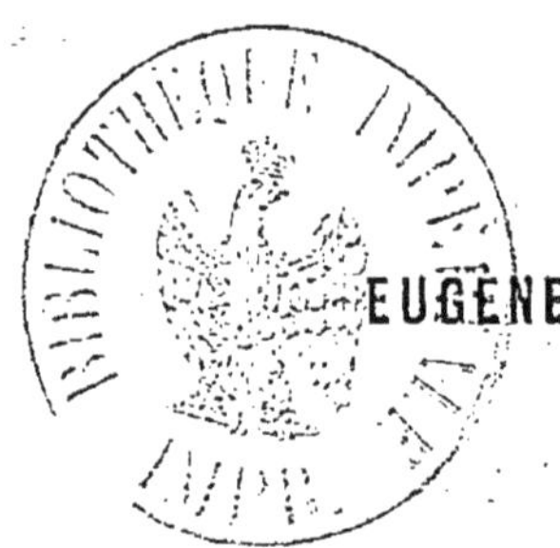

EUGÈNE DE MARGERIE

DÉPOT LÉGAL
Seine & Oise
N° 1378
1864.

LES SIX CHEVAUX DU CORBILLARD.
LE VAL DE LA SAULAIE.
FRAGMENTS DU JOURNAL D'UN MALADE.
UN MARIAGE SÉRIEUX.

PARIS
AMBROISE BRAY, LIBRAIRE-ÉDITEUR
RUE CASSETTE, 20.
(Droits de reproduction et de traduction réservés).

1864

10836

LES

SIX CHEVAUX

DU CORBILLARD.

LES SIX CHEVAUX DU CORBILLARD.

PROLOGUE.

CE QUE C'ÉTAIT QU'UN CORBILLARD, EN L'ÉTUDE DE Mc TROISVAUX, VERS L'ANNÉE 1840.

Avez-vous jamais travaillé chez l'avoué? mon cher lecteur.

Que cette question ne vous semble pas impertinente. Sans parler de votre serviteur, qui a eu cet avantage pendant deux ans, je connais plus d'un bon gentilhomme, normand ou périgourdin, vivant de ses terres et sur ses terres, plus d'un officier supérieur, en passe de devenir officier général, nombre de grands avocats, de magistrats éminents, de maîtres des requêtes, de préfets et de sous-préfets, deux respectables ecclésiastiques, un commissaire-priseur, un quart d'agent de change, une demi-douzaine au moins de députés, trois sénateurs et autant de membres de l'Institut qui ont été clercs d'avoué.

Donc, je reprends ma question et je vous demande : Avez-vous « travaillé chez l'avoué? » C'est le terme consacré.

Si votre réponse est affirmative et que vous remontiez à vos souvenirs d'il y a quatre ou cinq lustres, il me semble que vous avez déjà quelque vague notion de ce que pouvaient être ce corbillard et ces six chevaux que je vais avoir l'honneur de vous présenter.

Si votre réponse, au contraire, est négative, et que l'intérieur d'une étude d'avoué au XIXe siècle vous soit aussi inconnu qu'à moi le *daour* de Schamyl ou les jungles de l'Indoustan, veuillez me suivre chez « Me Troisvaux, avoué près le Tribunal civil de pre-
» mière instance de la Seine, demeurant à Paris, rue
» Neuve-des-Petits-Champs, n° 127. »

. . . .

Nous sommes au cœur du règne de Louis-Philippe, en ces années, si oubliées aujourd'hui, où l'on parlait de l'indemnité Pritchard, des lois de septembre, des fortifications de Paris, de Mme Lafarge, et de ces petits jardins que le Roi n'avait pas craint de découper dans le jardin public des Tuileries, et « qui pouvaient — voyez le malheur! — arrêter une charge de cavalerie. »

L'étude de Me Troisvaux, située au rez-de-chaussée, entre cour et jardin, — si l'on peut appeler de ce dernier nom ce qui ressemble plutôt à un puits, — est composée de trois pièces. Au fond, le saint des saints, où trône, en robe de chambre à ramages jusqu'à dix heures, après dix heures tout de noir habillé, le patron lui-même; puis le cabinet de M. Cramponet, le maître-clerc, simple sanctuaire d'un accès plus facile; enfin une grande pièce, l'étude proprement dite, où travaillent, causent, déjeunent, lisent les journaux, bâillent et dorment, selon l'heure du jour, deux seconds clercs, deux troisièmes clercs, deux amateurs, un petit clerc et un expéditionnaire.

Les deux seconds clercs, qui sont déjà presque des personnages, — à 50 fr. d'appointements par mois, s'il vous plaît,— ont chacun un bureau où s'entassent les dossiers, sans compter le droit, quand « le principal » est absent, de s'installer à tour de rôle dans son fauteuil et de recevoir les clients.

De ces trois gros bonnets, le maître clerc et les deux seconds, nous ne dirons rien, s'il vous plaît, ayant hâte d'arriver au corbillard.

Voyez-vous, à l'extrémité de la pièce, tout près de la fenêtre qui donne sur le puits susmentionné, voyez-vous une grande table affectant la forme d'un carré long? Originairement en bois blanc, on l'a noircie de fond en comble, pour l'empêcher d'être salie par les taches d'encre. C'est de cette forme, sans doute, et de cette couleur qu'elle a pris le nom de *corbillard*, nom qui semble si naturel chez M. Troisvaux, qu'on l'emploie comme le terme propre et sans aucune intention plaisante ou sans qu'il réveille la moindre idée lugubre.

A ce corbillard, qui reçoit de chaque côté une inclinaison favorable à celui qui écrit, il y a trois places de droite et trois places de gauche.

Vers l'époque que je cherchais à préciser tout à l'heure,— disons tout de suite, pour les esprits obtus, entre 1833 et 1843, — ces six places étaient occupées par les deux troisièmes clercs, que nous appellerons Alcide et Saturnin, le petit clerc Fabien, Michel l'expéditionnaire et les deux amateurs, Oreste et Pylade.

Un jour que, par une coïncidence vraiment étrange, Alcide, Saturnin, Fabien, Michel, Oreste et Pylade étaient en retard d'un quart d'heure :

— Eh bien ! mes six chevaux du corbillard, quelle paresse vous a donc tous retenus à l'écurie ce matin ? leur dit, d'un ton moitié plaisant, moitié fâché, M. Cramponet, comme ils arrivaient tout d'un bloc, à neuf heures vingt minutes.

« Les six chevaux du corbillard, » ce nom nous resta.

Je dis *nous*, parce que Pylade, c'était moi.

On ne vieillit pas « chez l'avoué. »

Moins d'un an après avoir été baptisés de cette façon irrévérencieuse par le « principal Troisvaux, » — il signait ainsi, — c'est tout au plus si de nous six il en restait deux au corbillard.

Les autres étaient déjà dispersés sur les chemins de la vie.

Vingt ans au moins s'écoulèrent.

Depuis plus de quinze, nous ne nous étions pas revus.

Un jour, en septembre 1860, je reçus un billet de faire-part. J'étais prié d'assister aux « convoi, service » et enterrement de M. *Pierre d'Alcantara-Célestin-* » *Chrysologue-Marius* TROISVAUX, en son vivant avoué » près le tribunal civil de première instance de la » Seine, trois fois président de sa compagnie, chevalier » de la Légion d'honneur et de la Tour et l'Epée de » Portugal, membre correspondant de la Société des » sciences, lettres et arts de Périgueux (M. Troisvaux » était de la Dordogne), etc., etc., etc., décédé en son » hôtel, 127, rue Neuve-des-Petits-Champs, muni des » sacrements de l'Eglise. »

Je me rendis, à l'heure dite, rue Neuve-des-Petits-Champs. J'éprouvai une certaine émotion en entrant dans cette cour dont je n'avais pas franchi le seuil depuis plus de vingt ans, depuis les jours, déjà si lointains, de ma première jeunesse.

Comme je pénétrais dans le salon qu'encombrait la foule des cravates blanches et des habits noirs, je me trouvai face à face avec un visage que je revis tout de suite dans mes souvenirs de cléricature, mais sans qu'il me fût possible d'y attacher un nom.

— Fabien, l'ancien petit clerc, me dit, en voyant mon embarras, ce visage à moitié reconnu.

Et Fabien me saluait avec beaucoup de grâce et une aisance où demeurait pourtant quelque vestige de la traditionnelle considération que les saute-ruisseaux professent pour les amateurs. — Merci d'être venu rendre les derniers devoirs à votre ancien patron, mon cher et vénéré beau-père. »

Puis il nous quitta pour aller recevoir les autres conviés de cette triste cérémonie... Je regardai machinalement autour de moi, comme on fait en une foule où l'on se croit étranger.

Un prêtre, un militaire, facile à reconnaître à sa fine moustache et à la rosette d'officier de la Légion d'honneur, qui, tant elle était petite, semblait une goutte de sang sur le revers gauche de son habit; un médecin, — du moins ce gilet boutonné, ce front chauve, cet œil observateur, et ce chapeau à larges bords me le firent prendre pour tel, — et mon ancien intime Oreste, celui dont l'amitié m'avait fait surnommer Pylade, formaient un groupe auquel je ne tardai pas à m'adjoindre, quand, sans parler d'Oreste, j'eus démêlé, dans l'abbé, Michel, notre ancien expéditionnaire; dans l'officier, Alcide, l'un de nos troisièmes clercs, et dans le docteur, Saturnin, l'autre troisième.

— Tiens, dis-je à Oreste, pendant que nous descendions le grand escalier, venant immédiatement après

Fabien, regarde. Te souviens-tu de ce que M. Cramponet appelait les six chevaux du corbillard? Regarde : voici l'attelage au complet. »

Nous allâmes à pied à Saint-Roch. Mais, pour se rendre de là au cimetière Montmartre, il fallut monter en voiture.

— Mes amis, nous dit Fabien à tous les cinq, mon beau-père n'avait que des cousins éloignés et un frère que la maladie retient à Périgueux. Moi-même je suis presque sans parents, et je n'ai que des filles. Le bon souvenir que vous accordez aujourd'hui à M. Troisvaux me va au cœur. Donnez-moi encore cette marque d'amitié d'être comme ma famille et de monter avec moi dans la première voiture de deuil. Elle est très-ample et nous tous très-minces. En nous pressant un peu, nous tiendrons facilement. »

Nous lui serrons la main, et nous voici entassés dans le noir véhicule.

Nous avons à peine échangé une parole, et déjà nous sentons qu'il y a un lien entre nous tous, le lien le plus fort et le plus doux, la communauté des principes religieux.

A l'église, nous avons tous prié. Tous, nous avions des livres. Notre recueillement a même égayé quelques-uns des assistants, et j'entends encore un gros monsieur, que j'ai su depuis être un conseiller à la Cour impériale, dire à son voisin, de l'Académie des inscriptions, en nous désignant du doigt, — nous étions assis à côté les uns des autres, — « C'est le banc des » calottins. »

Donc, nous étant quittés camarades vers 1840, et nous retrouvant chrétiens en 1860, nous étions tout près de nous retrouver amis.

Sensible à l'empressement avec lequel nous nous étions rendus à son désir, Fabien n'en était pas moins plongé et comme noyé dans une inexprimable douleur.

— Les gendres, nous dit-il, n'ont pas coutume de pleurer ainsi le père de leur femme ; mais notre ancien patron était plus qu'un beau-père pour moi : il avait été mon bienfaiteur. Et quand il m'a donné sa fille, il y avait longtemps qu'il me traitait comme bien des parents ne traitent pas leur fils... »

Puis, se reprenant :

— Mais j'aurais tort de me plaindre, dit-il. Il y a des années que ma femme et moi nous ne demandions qu'une chose au Ciel : la conversion de ce père bien-aimé, et qu'il eût enfin le courage de mettre à ses vertus le sceau de la religion. La mort seule a fait cette conquête, d'autant plus difficile peut-être qu'elle semblait toute préparée..... Mais cette mort a été admirable ; et quoique nous l'aimions bien, ce cher père, nous ne donnerions pas, pour le posséder encore un quart de siècle, ces trois jours d'agonie où il semblait que toute sa vie passée, si honorable, mais si éloignée de Dieu, voulût revivre comme pour se faire rétroactivement consacrer et bénir..... Oh! mes amis, quand Dieu vient dans une âme, fût-ce au dernier jour, quels prodiges il y opère! Quelle illumination subite! que de sentiments naissent dans ce cœur qui, hier encore, ne les soupçonnait seulement pas! que de discours en une langue hier inconnue, et qui montrent de quel prix inespéré Dieu paie quelquefois le sacrifice de la vie, l'acceptation de la mort, cette épreuve si redoutable même aux vieux chrétiens! »

Fabien s'interrompit.

— C'est un sujet sur lequel je ne taris pas, dit-il, et qui, tout douloureux qu'il semble au premier abord, me rappelle cette série continue de bienfaits dont Dieu m'a comme accablé. »

Saturnin dit :

— Je ne sais si je me trompe, mais je crois qu'il n'y en a pas un seul parmi nous qui ne pût en dire autant, et qu'après avoir passé vingt ans loin les uns des autres, nous aurions quelque plaisir et quelque profit à nous conter mutuellement nos aventures. Il me semble que la Providence nous a traités, les uns et les autres, en enfants gâtés.

— Ce n'est pas ici le lieu ni le temps, dit Fabien. Mais si vous voulez tous, dimanche, me venir voir à Saint-Sylvain, ce sera une douce rencontre et qui ne pourra offenser en rien la mémoire de notre cher défunt. Je vous présenterai à ma femme. Tout atterée qu'elle soit par ce coup imprévu, sa douleur est celle d'une forte chrétienne. Elle ne se lasse jamais d'entendre parler de Dieu. Et, je le crois aussi, le doigt de Dieu est dans l'histoire de chacun d'entre nous...

Nous rendîmes les derniers devoirs à M. Troisvaux. Le dimanche suivant, nous étions fidèles au rendez-vous de Saint-Sylvain.

On se figure facilement le cadre des histoires qui vont suivre.

A l'heure indiquée, entre une heure et deux, cinq coups de sonnette retentirent à la porte de la belle villa occupée par M. Fabien Lalassin.

Nous trouvâmes notre ami dans le jardin; il ne veut pas qu'on l'appelle un parc, pas plus qu'il ne permet qu'on dise le château. C'est, en tout cas, un jardin admirable, vaste, bien tenu sans être léché, plein d'ombre, de fleurs, d'allées sablées, d'eaux courantes, de tout ce qu'on rêve à la campagne.

Fabien nous mena vers sa femme et ses filles, qui étaient assises sur un banc, au pied d'un noyer centenaire. De ce point, le regard embrasse l'habitation et la partie la plus pittoresque du jardin, avec une échappée sur de hautes collines qui semblaient bleues dans les premiers brouillards d'automne et que surmonte un massif de pins presque parasols. A six lieues de Paris, on avait une réminiscence des beaux horizons italiens.

Après nous avoir salués, les deux fillettes, — deux

charmantes enfants de douze et quatorze ans, blondes et roses, —s'en allèrent jouer dans un autre coin du jardin, et nous demeurâmes tous les six avec Mme Fabien.

Je n'ai pas besoin de vous dépeindre la femme de notre ami, sa grâce à nous accueillir, la profondeur et la simplicité de son chagrin, l'ardeur avec laquelle, du milieu de ses larmes, elle exprimait sa reconnaissance envers le Ciel.

La douleur des chrétiens, — on ne saurait trop le répéter, — ne ressemble pas à la douleur de « ceux qui n'ont point d'espérance. »

— Ce père bien-aimé, nous l'avons perdu pour la terre, disait-elle d'une voix tremblante, mais nous l'avons conquis pour le ciel. Tout n'est-il pas gagné ainsi, et saurons-nous jamais assez remercier Dieu d'avoir enfin exaucé nos prières? »

Puis, regardant avec amour ses filles, qui, les bras enlacés, passaient au loin dans une allée, jetant sur Fabien un regard plus tendre encore :

— Dieu me garde de jamais me plaindre, disait-elle, avec de telles consolations autour de moi..... J'ai un mari..... vous le connaissez, Messieurs, et je ne dois pas en faire l'éloge. Mes filles, encore enfants, sont douces, laborieuses, respectueuses et tendres pour nous. Elles s'aiment beaucoup l'une l'autre et aiment déjà Dieu par-dessus toutes choses...

Après un tour ou deux, nous revînmes nous asseoir sous le noyer.

Nos noms, écrits sur des morceaux de papier, sont déposés dans le *sombrero* de Michel. La plus jeune fille de notre hôte est rappelée et « bandée, » pour représenter la Fortune. Elle amène les bulletins dans l'ordre suivant : Fabien, Alcide, l'abbé Michel, Saturnin, Oreste, et enfin moi-même, Pylade, l'indigne secrétaire de ce congrès autobiographique.

CHAPITRE PREMIER.

HISTOIRE D'UN PETIT CLERC.

— Il me semble, dit Fabien en commençant, que rien qu'à regarder ces trésors dont je suis comblé, vous avez dû deviner, mes amis, quelque chose de mon histoire.

Dieu a toute sorte de méthodes pour attirer à lui ceux qui ne le connaissent point. Les uns lui reviennent par l'école du malheur. C'est par le bonheur que Dieu m'a fait sien. C'est le poids de la reconnaissance qui m'a incliné vers le grand bienfaiteur. Les épreuves m'eussent aigri peut-être ou cabré. Cette série d'événements invraisemblables, qui, de ce que vous m'avez vu il y a vingt ans, m'ont fait ce que vous me voyez aujourd'hui, et de tous ces bienfaits, le plus grand surtout, — sa voix, à cet endroit, se troubla un peu, et d'un regard plus éloquent que toutes les paroles, il se tourna vers Marie, qui lui prit la main, sans rien dire non plus, — tous ces bienfaits donc sont et mon histoire et la source de ma conversion.

Vous vous souvenez qu'en 1840, lorsque je remplissais chez notre commun patron les fonctions de saute-ruisseau, j'avais treize ans ou approchant.

Je ne crois pas que vous ayez su comment j'étais entré à l'étude.

Mon père, dont les parents avaient été ruinés par de fausses spéculations, débuta de bonne heure dans la magistrature. Il se maria jeune aussi, et il était vice-président d'un petit tribunal de province lorsqu'il mourut tout à coup, nous laissant, ma mère et moi, dans une pénurie absolue. Nous vînmes cacher notre pauvreté dans un des faubourgs de Paris. Le bon Dieu, au milieu de nos chagrins, nous avait conservé une vigoureuse santé. Ma mère, qui était le courage même, trouva le moyen de nous faire vivre tous deux avec son travail; elle excellait à confectionner ces mille petits riens : broderie, crochet, peinture sur vélin et sur velours, bourses, éventails, qui se vendent un prix fou dans les grands magasins des boulevards et du Palais-Royal. Et quoiqu'on ne lui payât pas ces objets le quart du prix qu'on les vendait, comme elle travaillait très-vite, elle gagnait facilement ses trente sous par jour. Pendant ce temps, j'allais à l'école chez les Frères; je reçus une bonne éducation primaire.

Quand j'étais tenté de me relâcher de mon application, de me contenter de l'à-peu-près, d'imiter la plupart des écoliers, regardant mes maîtres comme mes ennemis, le travail comme un fardeau dont il fallait s'arranger adroitement pour rejeter la plus lourde part sur les épaules d'autrui, quand je me disais qu'il était bon de savoir lire, écrire et compter, mais qu'il ne servait de rien de lire comme un académicien, d'écrire comme un maître d'écriture et de calculer comme Barême, je me répondais à moi-même ces paroles de ma chère mère :

— Mon enfant, je ne puis te faire donner une éducation complète, comme celle que tu aurais reçue si ton père avait vécu. Souviens-toi du moins que jamais celui-là n'est embarrassé dans la vie qui sait très-bien ce qu'il sait. Dieu seul connaît l'avenir. Mais que tu aies seulement une magnifique écriture, rapide, élégante, hardie, lisible surtout, et tu seras sûr de ne jamais mourir de faim. »

Fidèle à ce conseil, je devins un véritable calligraphe, non que je m'amusasse à représenter Napoléon sur le rocher de Sainte-Hélène ou David vainqueur de Goliath, avec des pleins, des déliés et des *fions*. Mais j'avais si bien assoupli ma main que j'écrivais, en gros, en fin ou en moyen, en bâtarde ou en anglaise, « aussi vite que la pensée, » disait le bon frère Tiburce, aussi vite assurément que la dictée la plus rapide, et sans que jamais la vitesse du travail nuisît à sa perfection.

Après ma première communion, il s'agit de me choisir une carrière.

Beaucoup de gens eussent conseillé à ma mère de me mettre en apprentissage. « Vous n'avez rien. Donnez donc à votre fils un bon état. Faites de lui un maçon, un cordonnier, un serrurier. Qu'il entre chez un bonnetier ou chez un marchand de denrées coloniales, pour apprendre le commerce. »

Il y avait à cela une première difficulté. Les parents qui veulent que leur garçon soit bien traité, qui tiennent surtout à ne le placer que dans une maison honnête, sont obligés de payer, pendant trois ou quatre ans au moins, le patron qui consent à prendre chez lui ce Benjamin. Or, payer, ne fût-ce que 50 centimes par jour, était chose absolument impossible à ma pauvre mère. Il y a plus. Sa vue, qu'elle n'avait point assez ménagée, commençait à baisser, et pour que d'une position à peine modeste nous ne descendissions pas peu à peu aux confins de la misère, il était bien désirable que j'essayasse, à mon tour, de gagner quelque argent.

Et puis, pourquoi ne pas le dire? Si raisonnable qu'elle fût, si soumise aux décrets de la Providence, ma mère conservait non-seulement un reste d'attachement aux professions libérales, mais comme un pressentiment que j'aurais tort d'y renoncer absolument, et que Dieu saurait bien un jour me faire reprendre dans la société le rang qu'y avait occupé mon père.

« Faites de votre fils un maçon. » — C'est bientôt dit, et je voudrais vous y voir. En mettant sous ses pieds toute sotte vanité, et sans qu'il y ait au fond de l'âme aucune coupable révolte contre le Maître des événements, n'y a-t-il pas, dans le cœur d'un père ou d'une mère ruinés par quelque soudaine catastrophe, ce sentiment bien légitime que la position sociale d'un enfant dépend plutôt du milieu dans lequel il est né, de la première éducation qu'il a reçue, des sentiments et des préoccupations qu'il a toujours rencontrés chez les siens, que d'un tour de roue de la fortune; qu'en fait de profession il est presque aussi dangereux de trop descendre que de trop monter; que, s'il est imprudent de vouloir faire un *monsieur* du fils d'un ouvrier, il ne l'est peut-être pas moins de se résigner, à moins d'absolue nécessité, à faire un manœuvre du fils d'un magistrat, d'un médecin ou d'un officier. Si, dans le premier cas, l'orgueil est à craindre, l'envie ne l'est-elle pas dans le second? Et ne vaut-il pas mieux — dût-il commencer par « manger un peu de vache enragée » — ne vaut-il pas mieux que cet enfant, bien né et bien élevé, fasse des efforts pour reconquérir une profession libérale, plutôt que de s'amoindrir et de s'affaisser sous le premier coup du sort?

Ma mère avait certainement, sinon la notion précise, du moins l'intuition de tout ce que je viens de dire, lorsqu'elle refusa l'affectueuse proposition d'un de nos voisins, menuisier-ébéniste des mieux achalandés. M. Dubêtre m'eût accepté comme apprenti à prix réduit, c'est-à-dire à raison de 75 centimes par jour, dimanches compris, pendant trois ans; plus la fourniture par ma mère d'un petit trousseau complet, literie, etc., etc., etc.

Ma mère donc refusa, et, le soir même, il lui tomba sous la main un numéro des *Petites Affiches* où se trouvait l'avertissement suivant :

« Etude de Me Marius Troisvaux, avoué de première
» instance, 127, rue Neuve-des-Petits-Champs. — On
» demande un petit clerc, honnête, bien portant, ayant
» une belle écriture et de bons répondants. 30 francs
» d'appointements par mois, avec probabilité d'aug-
» mentation, si le sujet donne satisfaction. »

Ce nom de Troisvaux la frappa. Elle se souvint qu'un Troisvaux (Marius) — c'était bien celui-là — avait été camarade de son mari.

Le lendemain matin, elle se rendit avec moi au n° 127 de la rue Neuve-des-Petits-Champs. Ma figure plut à l'officier ministériel; mon écriture l'enchanta. J'ai su depuis, — car il le dit à peine; il était de ceux qui n'aiment point mettre leurs sentiments en paroles, — j'ai su que l'idée de venir en aide au fils d'un ancien camarade l'avait surtout décidé.

Me voici donc installé chez M. Troisvaux, heureux comme un roi d'apporter, chaque dernier du mois, mes 30 francs à la maison, sans compter l'économie du déjeuner. Le patron, selon l'usage, fournissait le pain et le vin. Selon une tradition, unique je crois dans toute la basoche parisienne, et qui faisait du petit-clerc-Troisvaux un objet d'envie pour tous ses confrères, vous aviez une méthode ingénieuse de me payer de la peine que je prenais d'aller chercher vos déjeuners : veau piqué, langue fourrée, galantine, jambon, sardines à l'huile, pommes de terre frites, fromage à la crême, bondons de Neuchâtel, fraises, cerises, pommes cuites, etc., etc.; vous vous cotisiez pour me faire une rente quotidienne et viagère de cinq sous, spécialement affectée à l'achat de *mon* déjeuner.

— Ce pauvre Fabien, c'est pourtant vrai, dit l'officier. C'est lui qui, pendant un an et plus, m'apportait chaque matin pour trois sous de *piqué* et pour deux sous de *frites*.

— Oui, répond fit notre hôte, même que je me souviens de la farce que me joua un jour M. Pylade, précisément à l'occasion de ces fameuses frites. « Fabien, me dit-il, certain jeudi,—M. Pylade a toujours été un finot et il était déjà alors un tantinet dévot, — Fabien, on me dit que ces frites sont frites dans de la graisse d'épagneul. Informe-toi du fait chez le marchand. — « Le marchand a dit comme çà, répondis-je en revenant, que c'étaient des calomnies. Les frites ne sont pas frites dans de la graisse de chien, dont M. Fritelli ne connait pas seulement l'existence, mais dans de bonne graisse de cochon, parlant par respect, autrement dit du saindoux premier numéro. » — Il parait que c'est tout ce que M. Pylade voulait savoir. Car, depuis ce jour-là, les frites furent impitoyablement rayées de son programme du vendredi et du samedi, et remplacées par du raisiné et du fromage...

— Ce Jésuite de Pylade! dit l'abbé.

Et chacun de rire à ces vieux souvenirs et à cette exclamation.

Fabien reprit :

— Il y avait deux ans que j'étais à l'étude. Déjà vous tous qui m'y aviez précédé, étiez partis. Et, sauf moi, chétif, l'attelage du corbillard s'était complétement renouvelé.

Un soir, M. Troisvaux me fit appeler dans son cabinet.

— Fabien, me dit-il, j'ai besoin d'un maître d'écriture pour Marie. Cette pauvre enfant n'a plus sa mère, et sa bonne anglaise écrit comme un chat. Veux-tu venir, tous les matins, une heure avant l'étude, à huit heures précises, et donner une leçon à ma fille? Je t'allouerai pour cela 1 fr. par jour, même compris les dimanches que tu ne viendras pas; à la fin du mois, cela doublera tes appointements. »

J'acceptai avec empressement, comme bien vous pensez. L'idée que j'allais, par ce surcroît de gain, mettre ma chère mère tout à fait à son aise, me transportait de joie. Je voyais déjà se vérifier ce qu'elle m'avait dit jadis sur l'importance de bien savoir ce que l'on sait. Et puis, je n'étais pas insensible au plaisir de passer une heure auprès de la petite Marie, la plus gentille et la plus douce enfant qui se puisse imaginer. Depuis que j'étais entré chez M. Troisvaux, je ne voyais quasi personne. A l'étude, sans doute, vous et vos successeurs, vous étiez bons pour moi. Mais enfin je n'étais pas votre égal, j'étais même un peu votre serviteur. Ici, au contraire, j'étais traité par cette charmante enfant comme un maître et comme un ami.

La leçon terminée, elle demandait souvent à son père ou à sa bonne — l'un ou l'autre y assistait toujours — la permission de me montrer quelques-uns de ses joujoux. Je m'amusais avec elle, comme si j'eusse été un bambin de huit ans ; — j'en avais quinze, — et par mes drôleries je la faisais rire aux larmes : elle m'aimait beaucoup.

Cela dura un peu plus d'un an.

Je l'avais prise sachant à peine tenir une plume. Le jour où je donnai ma dernière leçon, je déclarai à son père que, dans n'importe lequel des grands pensionnats de Paris, elle concourrait, avec de fortes chances de succès, pour le premier prix d'écriture.

Cependant, ce n'était pas sans chagrin que je voyais se terminer si tôt un si agréable professorat. Outre la peine de quitter ma petite amie, j'allais retomber sur mes deux pieds de petit clerc, c'est-à-dire redescendre de 60 fr. à 30, à 35 ou 40 au plus, si le patron voulait bien m'augmenter. Faudrait-il donc que ma mère revît son ancienne gène et qu'elle fût obligée, comme jadis, — privation bien plus pénible maintenant que l'âge et la fatigue étaient venus, — de supprimer successivement son café du matin, la goutte de vin qui lui donnait des forces, le petit repos du milieu du jour, consacré d'ordinaire à une heure de promenade sur le boulevard extérieur?

Je ne pouvais me faire à cette idée.

Justement M. Troisvaux cherchait un expéditionnaire.

J'étais bien jeune pour cet emploi. Je le sollicitai néanmoins, faisant valoir ma bonne volonté et la nécessité impérieuse où l'état de ma mère me mettait de chercher des appointements un peu supérieurs à mon gain mensuel de petit clerc.

M. Troisvaux m'avait suivi de près pendant les quinze mois que dura mon enseignement. Il paraît qu'il avait été content de moi.

— J'ai mieux à te proposer, me dit-il; et, si tu ne recules pas devant beaucoup de travail, à nous deux, nous pourrons faire quelque chose pour la mémoire de mon ancien camarade.

Tu auras soixante francs, comme si tu étais expéditionnaire. Mais être expéditionnaire ne mène à rien. Il serait vraiment dommage, entendu comme tu l'es, que, faute d'avoir fait ton droit, tu fusses cloué *in æternum* à un poste inférieur.

Il faut donc faire ton droit.

Mais, pour faire ton droit, il faut être bachelier.

Je vais te prendre dans mon cabinet. Tu seras mon

secrétaire. Je te donnerai des travaux de confiance qui t'initieront peu à peu à la marche générale des affaires et développeront en ce sens ton intelligence plutôt qu'ils n'absorberont ton temps. La plus grande partie de celui-ci devra être consacrée à te préparer au baccalauréat. Une fois bachelier, tout le reste ira sur roulettes. »

Et, comme je me confondais en remercîments,

— Le seul remercîment que je te demande, c'est de profiter de cette occasion que t'offre la Providence de sortir de l'ornière. Quant à moi, il m'est passé bien des jeunes gens entre les mains, et j'ai toujours essayé de tirer de chacun le meilleur parti possible, dans son intérêt bien plus que dans le mien. Tu es le fils d'un de mes anciens condisciples, le fils d'une mère dont j'apprécie, plus que je ne puis dire, la vertu modeste et l'infatigable courage. Travaille pour être digne d'elle, et je crois que nous ferons un long bail l'un avec l'autre. »

En trois ans d'un travail acharné, grâce aux livres que me prêta M. Troisvaux, et à l'aide d'un habile préparateur, je fus bachelier. Le droit ne me coûta qu'un peu d'application et se mena concurremment avec l'avouerie. Avant mes vingt ans, j'étais maître clerc de M. Troisvaux.

Pendant quelques années, je fus un maître clerc ordinaire. Puis mon patron me prit en telle amitié, j'acquis une telle habitude de ma besogne, une si exacte connaissance de la clientèle, que je devins le véritable chef de l'étude. Tout roulait sur moi, et sauf les signatures et quelques affaires très-délicates où je tenais absolument à suivre l'impulsion plutôt qu'à la donner, M. Troisvaux eût pu s'absenter six mois, qu'on s'en fût à peine aperçu.

L'homme n'est jamais tellement distinct de sa profession que l'on puisse occuper, dans une étude de premier ordre comme celle de M. Troisvaux, la place importante que j'y tenais et n'avoir avec le patron lui-même et sa famille aucune relation.

M. Troisvaux, qui était courtois et prévenant avec tous ses clercs, l'était envers moi d'une manière toute particulière. Il me témoignait des bontés vraiment paternelles.

Bien que du jour où j'avais quitté le corbillard il eût cessé de me tutoyer, il m'appelait plus souvent « mon ami » ou même « mon enfant » que Fabien ou monsieur Lalassin. Il m'invitait souvent à sa maison de campagne, à ce Saint-Sylvain, où nous sommes en ce moment.

Je n'y vis pourtant que bien rarement Mlle Marie. Elle était au couvent et ne sortait jamais le dimanche. Quand venait le temps des vacances, elle allait avec son père chez une vieille tante de Normandie, ou bien elle voyageait en Suisse, en Angleterre ou en Italie.

Ce fut à l'occasion de son voyage de Rome que je la revis, — pour la première fois, si je ne me trompe depuis nos leçons.

Elle venait d'atteindre ses quatorze ans et n'avait rien encore de la gaucherie habituelle aux adolescentes. Mais on sentait que la réflexion prenait déjà dans son esprit une place importante. Si jeune qu'elle fût, elle ne vivait pas au hasard, et il me suffit d'une demi-journée passée avec elle sous ces beaux ombrages pour comprendre que deux sentiments d'une extrême vivacité occupaient — sans rivalité, car ils étaient subordonnés l'un à l'autre, — occupaient tout entier ce cœur d'enfant : l'amour de Dieu et l'amour de son père.

Sa foi s'était encore ravivée en recevant la bénédiction du Souverain-Pontife.

Lorsqu'il vit à ses pieds cette jeune enfant, le visage inondé de larmes, Pie IX, avec son ordinaire bénignité, lui avait demandé la cause de son chagrin.

— Saint Père, lui avait-elle répondu, je pleure de joie et non pas de douleur, de joie d'être à vos pieds et de m'y trouver avec mon père bien-aimé. »

Le Saint-Père avait félicité M. Troisvaux.

— Je m'y connais, lui avait-il dit tout bas, pour ne pas effleurer même d'un souffle l'humilité de la pieuse enfant, je m'y connais, mon fils : C'est une belle âme. Sachez en être digne. »

M. Troisvaux avait été ému. Il aimait à raconter ce trait, et — moins prudent que le Pontife, — il le racontait devant sa fille qui s'en défendait et accusait son père de « broder. »

— Voici un chapelet de Rome, me dit-elle, ce jour

que je la vis à Saint-Sylvain. Dites-le, mon cher maître, je vous en prie, pour mon père. »

Je l'acceptai avec transport. Je la remerciai avec effusion. Je ne lui dis pas que, depuis longtemps, j'aurais rougi de dire mon chapelet.

Comment cela s'était-il passé? Comment, après avoir bien fait ma première communion, vivant auprès de ma mère qui était une sainte femme, étant demeuré quelques trois ou quatre ans fidèle à mes devoirs de chrétien, comment tout cela peu à peu était-il tombé en désuétude?

Hélas! c'est le contraire qu'il faudrait demander.

Cet abandon progressif des pratiques religieuses n'est-il pas le droit commun? Et peut-il en être autrement, quand on considère toutes les prises qu'a le respect humain sur un pauvre adolescent, vivant au milieu de jeunes gens qui se présentent à lui avec le triple prestige de l'âge, de l'éducation, de la fortune?

Ma foi n'était sans doute pas très-solide, ni mon amour de Dieu très-brûlant. En moins d'un an tout avait disparu. Et, bien que je demeurasse bon fils et, dans le sens humain du mot, un honnête jeune homme, à dix-sept ans j'étais déjà un très-mauvais chrétien.

Ma mère eut beau dire : je l'écoutai respectueusement. Mais elle vit chez moi une décision si arrêtée de tout « envoyer promener, » qu'elle craignit, en insistant davantage, de me buter et de faire de moi un hypocrite. Elle ne parla plus de ce nouveau chagrin qu'à Dieu. Mais elle lui en parla sans cesse.

Le jour où, revenant de Saint-Sylvain, je lui montrai le chapelet de Rome que j'avais mis dans ma poche et pour lequel je me sentais une sorte de dévotion, hélas! bien humaine,

— Garde-le toujours sur toi, me dit ma mère. Donné par cette pieuse demoiselle, bénit par ce saint Pontife, il ne peut que te porter bonheur. »

Le fait est qu'il n'a pas, depuis lors, quitté ma poche.

Il le tira et nous le montra.

Marie le prit à son tour, le baisa et le rendit à son mari.

CHAPITRE II.

HISTOIRE D'UN PETIT CLERC (suite).

Fabien reprit :

— Il y avait six ans que j'étais maître clerc. M. Troisvaux avait successivement porté mes appointements à un *chiffre* tout à fait *exceptionnel* (argot contemporain), mais qui représentait à peine, disait-il, les soins assidus et intelligents que je donnais à ses affaires.

J'étais heureux. Grâce à cette augmentation progressive de ma fortune, j'avais exigé de ma mère qu'elle cessât de travailler autrement que de temps à autre et pour se distraire. J'avais loué pour elle et pour moi, une toute petite maison à Vaugirard. Elle avait un jardin où elle cultivait quelques roses, sans négliger une foule de plantes potagères. Elle élevait des poules et des lapins; et, si elle ne se faisait pas précisément avec ceux-ci trois mille livres de rente, elle tirait du tout, pour notre petit ordinaire, un parti des plus avantageux.

Il faut avoir, comme moi, passé par la misère, il faut avoir vu sa mère travailler, sans paix ni trêve, depuis cinq heures du matin jusqu'à onze heures du soir, quelquefois jusqu'à minuit, il faut s'être demandé avec angoisse ce que deviendrait « cette tête si chère, » en cas de maladie ou de chômage; il faut avoir traversé toutes ces inquiétudes dont, je vous assure, un cœur de quinze ans est parfaitement capable, pour s'imaginer la joie, la paix, le repos d'esprit, le besoin de répandre son cœur au dehors et de remercier quelqu'un, et tout ce flot de sentiments tendres et doux qui envahissent l'âme, quand on se sent décidément « tiré d'affaire. »

Je n'avais guère d'autre confident que ma mère elle-même. Mais je dois dire que, dès lors, plus d'une fois il me sembla que mes actions de grâces, si légitimes qu'elles fussent en s'appliquant à ma mère et à M. Troisvaux, étaient incomplètes pourtant et semblaient s'arrêter en route... N'avais-je pas un plus grand bienfaiteur à remercier? Sans me mettre à genoux, sans formuler une prière positive, plus d'une fois certainement j'élevai vers le Ciel un cœur reconnaissant.

Il y avait au dedans de moi un sentiment confus qui certainement eût pu s'analyser ainsi : — Vraiment,

» pour peu que cela continue, je serai un grand misé-
» rable, si je ne me décide pas à remercier Dieu par
» mes actes, c'est-à-dire à redevenir un bon chrétien.»

Cela devait continuer.

J'étais tellement heureux, en comparant ma position actuelle à ce que j'avais été jadis, que l'idée ne me venait pas de chercher à faire de cette position, — secondaire après tout, — un échelon pour m'élever plus haut.

Sans me vanter, plus de la moitié des avoués en titre m'étaient inférieurs pour la science du droit, l'entente des affaires, la rapidité du coup d'œil, la hardiesse de la manœuvre. Depuis six ans et plus que je dirigeais l'une des premières études de Paris, j'avais fini par être aussi connu et aussi considéré des avoués, des avocats et des magistrats, que les mieux posés des collègues de M. Troisvaux.

Il était donc naturel que j'aspirasse à être avoué moi-même; et en me voyant rivé, pour ainsi dire, à mon fauteuil de principal, plus d'un confrère me disait :

— Eh bien! Lalassin, vous ne vous décidez donc pas à traiter? »

Je savais bien que, pour traiter, il fallait offrir «une certaine surface.» Or, la mienne était mince, et mon inventaire était bientôt fait. Cinq cents francs de rente amassés sou par sou, depuis douze ans, et mes deux mille francs d'appointements, c'était tout. Était-ce de quoi acheter une étude de cent cinquante mille francs? Je n'y pensais même pas.

M. Troisvaux se chargea de m'y faire penser.

Un matin que nous étions seuls dans son cabinet :

— Fabien, me dit-il avec cet accent de bourru bienfaisant qui lui était habituel, cela ne peut vraiment durer toujours ainsi. C'est tout simplement absurde, et je ne consentirai pas à ce qu'un pareil état de choses se prolonge un mois de plus. »

Je ne savais vraiment où il en voulait venir.

— Qu'est-ce qui dirige mon étude? reprit-il, parodiant le mot de Sieyès. Vous. Qu'est-ce qui est censé la diriger? Moi. Qui est-ce qui a toute la peine? Vous. Qui est-ce qui touche les 50 à 60,000 francs nets qu'elle rapporte? Moi.

Je dis que cela est souverainement injuste. Si vous étiez, vous pilote et moi capitaine, passe encore : mais vous êtes à la fois à la barre et sur la dunette. C'est trop..., j'ai résolu que vous deviez me succéder.

Cette déclaration me prenait tout à fait à l'improviste.

— Mon cher patron, répondis-je, vous savez bien que je n'ai point de capitaux pour acheter votre étude. D'ailleurs, il faut être aussi généreux que vous l'êtes pour oublier que tout ce que je suis je vous le dois; que sans vous je ne serais ni bachelier ès-lettres, ni docteur en droit; que sans vous ma pauvre mère serait encore obligée de perdre sa santé et d'user ses yeux dans cette méchante rue du *Puits-qui-Parle*, au lieu d'être la plus heureuse femme du monde, au milieu de ses roses et de ses lapins.

— Et patati, et patata, répondit M. Troisvaux. Vous faites l'innocent, monsieur mon maître clerc. Il s'agit bien de capitaux! Est-ce que vous êtes arrivé à votre âge sans savoir que, pour acheter une étude, des capitaux sont chose absolument inutile. Soyez intelligent, faites-vous aimer de votre patron. Il sera trop heureux de traiter avec vous, bien sûr qu'une fois titulaire, avec votre bonne mine et votre bel avenir, vous trouverez, quand vous voudrez, une femme charmante dont la dot paierait, haut la main, la première étude de Paris.

— Mais, Monsieur, répliquai-je timidement, n'osant encore émettre mon principal argument, je ne connais personne; je ne vais jamais dans le monde. Faut-il que j'aie recours à M. de Foy, ou que, comme en Amérique, je charge la quatrième page des journaux de me trouver une femme?

— Mais si je vous en trouvais une, moi, monsieur le difficile? Croyez-vous que j'aurais loin à aller pour cela? »

Tout plein de mon sujet, je ne fis attention ni à cette dernière phrase, ni au ton avec lequel elle fut prononcée.

— Mon cher monsieur Troisvaux, repris-je, voulez-vous me permettre de vous dire toute ma pensée?

— Parbleu, sommes-nous ici pour autre chose?

— Eh bien ! je ne sais trop comment vous expliquer cela. Vous n'aimez pas les démonstrations, et vous lisez certainement dans mon cœur tout ce que j'éprouve de reconnaissance pour vos bienfaits tant anciens que nouveaux, tant accomplis que projetés !

— Passons, dit M. Troisvaux. Ce n'est pas là toute votre pensée.

— C'en est l'exorde nécessaire..... Est-ce que vous me croirez ingrat, si je vous dis que je vous conjure de renoncer à cette pensée de m'avoir pour successeur, que j'ai une autre ambition ?

— Je vous croirai fou... Et peut-on savoir quelle est cette autre ambition ?

— Cette ambition, ou plutôt cette vocation, se compose d'une terreur et d'un attrait. La responsabilité des affaires m'effraye. Être le second sur ce navire, pour suivre votre comparaison, tenir la barre, même au besoin, mais à titre de votre suppléant, faire fonctions de commandant, passe encore ! Mais être effectivement le premier, se sentir la charge de tant d'intérêts, avoir la charge, plus lourde encore, de tant d'argent gagné, de tant de procès que l'on attise au lieu de chercher à les éteindre ; vivre, en un mot, des pires instincts du cœur humain, cela m'a toujours souverainement répugné. Voilà pour l'antipathie.

Quant à l'attrait, est-ce le souvenir de mon père? Est-ce la considération du modeste traitement des magistrats, comparé aux riches profits de la basoche ? Est-ce cette pensée que le juge travaille à apaiser, à terminer du moins, ces différends dont nous vivons? Je ne sais. Toujours est-il que je n'ai qu'une ambition : entrer dans la magistrature.

Si donc vous êtes las de mes services, — ou plutôt si vous avez résolu de mettre le comble à vos bienfaits, — usez de votre influence pour me faire nommer juge suppléant, à Paris ou ailleurs. Je suis docteur; j'entends les affaires; j'aime déjà passionnément mon futur métier. Tant d'autres semblent prendre à tâche de justifier la définition : « *juge* : homme payé pour » dormir. » Moi, je ne désire entrer dans la magistrature que pour y travailler d'arrache-pied, comme je fais ici. S'il y a un rapport difficile à faire, je le demanderai; si une besogne fastidieuse, comme les ordres et les contributions, les règlements de taxe, etc., je m'y attèlerai. Je vous promets que, dans deux ans, — surtout si vous voulez bien, en quelque lieu que je sois, ne me point oublier et m'aider de votre crédit, qui est grand, je le sais, à la Chancellerie, — je vous promets qu'avant qu'il soit deux ans, je serai juge en pied. Alors mes appointements nous feront vivre de nouveau, ma mère et moi. D'ici là, j'ai mis de côté six mille francs qui, pendant trois ans, représenteront le revenu que je perdrai en vous quittant. »

M. Troisvaux ne répondit point directement à cette déclaration.

— Voyons, dit-il, c'est aujourd'hui jeudi. Venez dimanche à Saint-Sylvain, mon cher Fabien. Nous causerons à nouveau de tout ceci. »

Je me donnai de garde d'oublier le rendez-vous.

Je croyais fermement que ce serait une conférence d'affaires et qu'on s'enfermerait dans le cabinet de M. Troisvaux pour y discuter les mérites relatifs de la magistrature et des offices ministériels.

Quel ne fut pas mon étonnement de trouver, en arrivant, Mlle Marie, que je n'avais pas revue depuis cinq ans, et que je croyais encore aux Oiseaux ou chez sa tante de Normandie.

Lorsqu'elle m'avait donné ce chapelet, on pouvait encore l'appeler une enfant.

C'était maintenant une jeune fille dont je vous ferais un portrait enthousiaste, si je n'apercevais là quelqu'un qui lui touche de près et dont il faut absolument ménager la modestie.

Rien ne m'empêchera de dire que cette journée fut une journée de délices.

Pendant que les personnages graves, un vieux conseiller, parrain de Mlle Marie, et un vieux notaire, camarade de droit de M. Troisvaux, causaient métier avec notre hôte, nous nous promenâmes, Mlle Marie et moi, à travers ces longues allées et sous ces ombrages si frais..... Nous demeurâmes, je m'en souviens, près d'une heure, sans rien dire, sur le banc qui est au fond de la grande charmille, à entendre deux rossignols... Ces gentilles bêtes ne se lassaient pas plus d'enchanter nos oreilles que nous de boire leur musique enchanteresse.

Nous causâmes de notre enfance, des leçons d'écriture, rue Neuve-des-Petits-Champs, de ma mère, du voyage d'Italie. Mlle Marie avait justement dans son sac une petite prière qu'elle avait écrite le matin même et qu'elle me montra, pour me prouver qu'elle n'avait point perdu sa belle main.

A propos du voyage d'Italie, l'occasion était trop belle pour que je ne tirasse pas de ma poche le chapelet de Rome, assurant que je ne l'avais pas quitté un instant depuis six ans.

— Est-ce que vous le dites quelquefois? dit la jeune fille.»

Et, comme elle s'aperçut que je rougissais et que je préparais sans doute une réponse qui ne fût ni d'un impie ni d'un hypocrite :

— Je suis indiscrète, n'est-ce pas? dit-elle. Eh bien! à supposer que vous ne le disiez pas, espérons que vous le direz un jour. »

Et je répondis :

— Oui, Mademoiselle, je l'espère très-franchement.»

Je ne parlais pas ainsi seulement pour lui faire plaisir : c'était le fond de mon cœur.

- -

Cependant vint l'heure du dîner.

Il fut joyeux et cordial.

Quand nous fûmes au dessert,

— Ah! çà, mes bons amis, dit M. Troisvaux, nous étions réunis ici pour affaires. Il me semble qu'il est temps d'y arriver. — Ecoutez-moi bien.

Il y avait une fois un jeune Musulman, pauvre, mais fort capable, nommé Hussein. Hussein était le secrétaire, l'ami, l'*alter ego*, le *factotum* de certain grand visir appelé Achmet. Achmet, homme très-scrupuleux, — le scrupule est rare chez les visirs; aussi, prenez le scrupule d'Achmet comme une exception confirmative de la règle, — Achmet donc, un beau jour, eut honte de penser que, pour quelques centaines de piastres, il faisait faire à son jeune ami toute sa besogne, et il lui proposa, le plus simplement du monde, de le remplacer dans le visirat. — Tu gagneras gros, lui dit-il, et si tu allègues que, pour obtenir mon poste, il te faut quelques dix mille piastres, afin de graisser la patte des illustres personnages qui entourent le Sultan, ces dix mille piastres sont à ta disposition, et bien d'autres avec..., car je suis capable de te donner en mariage ma fille unique, et sa dot est quadruple au moins du pot-de-vin dont tu te trouves avoir besoin, sans compter ma succession qui n'est point à dédaigner. » — Savez-vous la réponse du jeune homme? « Qu'il estimait beaucoup le visirat; mais que, tout bien considéré, il aimait autant se tenir loin d'un poste où il se faisait souvent d'assez vilaine besogne; que toute son ambition était d'être nommé *cadi* dans quelque bourgade, afin de contribuer à apaiser les querelles que MM. les visirs causent trop souvent. » Quant à l'offre de la fille d'Achmet, sous couleur qu'Achmet l'avait plutôt insinuée que nettement formulée, je crois que mon benêt de Hussein ne s'en aperçut seulement pas. Toujours est-il que, dans sa réponse, ce point ne fut pas même touché.

Que penses-tu du sieur Hussein, Marie? dit en terminant M. Troisvaux.

Je pense, moi, que Mlle Marie, si simple et si réservée qu'elle fût, était déjà, — ce qui ne gâtait rien, — fine comme l'ambre; qu'elle vit tout de suite où son père en voulait venir, et qu'elle ne lui sut peut-être pas très-bon gré de l'interroger ainsi *coram populo.*

Heureusement, Dieu veillait sur elle, Dieu, représenté ce jour-là par M. Destombes, le conseiller déjà nommé, parrain, comme je l'ai dit, de Mlle Marie.

— Mon cher père, dit le magistrat, permettez à votre fille, un peu interdite par cette brusque interpellation, de vous répondre par la bouche de son parrain, comme elle fit jadis, au jour de son baptême.

Donc, mon cher père, je ne puis m'empêcher de trouver que ce scrupule honore M. Hussein. Sans doute, il est bon que les postes élevés ou les professions qui donnent de gros bénéfices soient occupés par des honnêtes gens, ceux qui ne le sont pas font un si triste usage du pouvoir ou de la fortune! Mais il faut encore pour cela une certaine vocation. Et il me semble difficile d'éprouver un autre sentiment que l'estime pour un garçon qui refuse une place de..... disons 50,000 fr., — je compte en monnaie française, craignant de m'embrouiller dans les piastres et les sequins, — qui refuse, dis-je, une place de 50,000 fr. et préfère un emploi de 1,500 livres, parce qu'il se croit plus apte à le remplir, et qu'il a quelque doute peut-être sur la légitimité des canaux qui apportent dans les coffres du visirat une somme aussi ronde.

J'ajoute que, si j'étais la fille du visir et que j'eusse déjà pour Hussein un commencement de sympathie, cela ne serait point pour la diminuer. « Hussein, dirais-je à mon père, a quelque souci sur la manière d'acquérir tant d'argent. Moi, j'en ai sur la manière de le dépenser. Quelqu'un a dit : « Malheur aux riches ! » Pourquoi donc chercher sans cesse à augmenter notre richesse ? Et puis, ne vous ai-je pas dit souvent, mon père, — c'est toujours Marie qui parle par ma bouche, — que je craignais par-dessus tout d'être recherchée pour ma fortune. Voici un honnête homme qui ne court pas après les écus, puisqu'il les refuse, puisque, de peur d'en avoir sur les bras la charge et la responsabilité, il oublie de voir ce que vous voulez lui donner avec. Je ne connais pas assez cet Hussein pour le prendre ainsi sur l'étiquette du sac ; mais cette étiquette est bonne et mérite que l'on examine si l'intérieur y répond.

— Bravo, conseiller, dit M. Troisvaux, pendant que Mlle Marie et moi nous perdions contenance à qui mieux mieux. Je pourrais vous récuser ; car vous êtes magistrat, c'est-à-dire, dans l'espèce, juge et partie... Mais, dites-moi, cette réponse est-elle concertée avec Marie ?

— Je vous jure que c'est la première des premières fois que j'entends parler de toute cette affaire.

— Alors, dis-nous, Marie, si tu désavoues ton parrain ? »

La position était difficile. Avec une rare perspicacité, le conseiller avait lu dans l'âme de sa filleule, et, pour lui ôter l'embarras de répondre, il avait traduit mot pour mot ce que Marie pensait, ce qu'elle n'eût jamais osé dire. La pauvre enfant, de nouveau mise en demeure de se déclarer, se trouva malheureuse et faillit pleurer.

— Mon père, je vous en prie, dit-elle en adressant à M. Troisvaux un regard suppliant.

Sur un geste du maître de la maison, on se leva de table, et pendant que je proposais à M. Clarac le notaire un tour de jardin, et que je l'entraînais du côté du potager, M. Troisvaux prit sa fille sous le bras.

Dans ces épanchements de deux cœurs tendres et aimants et liés l'un à l'autre par cette sainte tendresse paternelle et filiale, il se dit des choses que les anges ont entendues et que je ne répéterai pas.

Toujours est-il qu'en partant le soir, Mlle Marie me tendit la main, en me disant : « A bientôt. »

Un mois après, j'étais nommé juge suppléant près le tribunal de la Seine. Deux mois après, je devenais le gendre de M. Troisvaux. Moins de deux ans plus tard, j'étais juge en titre.

J'aime ma profession. J'aime mon angélique femme. Elle m'a appris à aimer le bon Dieu ; et, si vifs que soient mes autres amours, celui-là les domine et les anime tous. Je me considère comme l'enfant gâté de la Providence. Le coup qui vient de nous frapper, ce coup lui-même a été plein d'une vraie douceur, puisque mon bienfaiteur, mon père, le père de ma femme bien-aimée, est mort entre nos bras, comme meurent les chrétiens.

Fabien prit dans ses mains les mains de sa femme, les baisa avec autant de respect que de tendresse, et nous nous tûmes un instant, respectant la douleur et la joie qui se mêlaient dans son âme, douleur qui devait passer un jour, joie qui devait être immortelle !

CHAPITRE III.

A QUOI SERVENT LES RÉVOLUTIONS.

Lorsque nous eûmes gardé le silence pendant un temps moral, le lieutenant-colonel Alcide prit la parole.

— Après l'élégie de Fabien, dit-il, vous aimerez peut-être, quand ce ne serait que pour faire diversion, une histoire qui sente la poudre?

. . . .

Vous vous souvenez sans doute qu'à l'étude j'étais républicain.

— Oui, répondit l'abbé, je me souviens parfaitement que c'était, entre vous et moi, assez peu favorisés tous deux du côté de la fortune, un lien puissant. Nous lisions ensemble le *National*. Les deux Armand—Carrel et Marrast — étaient nos dieux. Pendant que nos camarades, tous conservateurs, s'alarmaient à l'idée de la moindre émeute, nous appelions de nos vœux quelque prochaine révolution qui, nous soulevant sur ses flots, nous porterait immanquablement des bas-fonds au faîte de la société.

— C'est bien cela, reprit l'officier.

Il y a d'honnêtes républicains. J'en ai connu, et je respecte toutes les opinions consciencieuses, pourvu encore qu'elles ne soient pas anarchiques.

Mais moi j'étais précisément républicain, en haine de l'autorité et par amour pour le désordre. J'étais républicain, parce que la forme du gouvernement de mon pays était la forme monarchique. Evidemment, en Suisse ou aux Etats-Unis, j'eusse été monarchien. J'espérais, comme l'abbé le disait tout à l'heure, qu'avec un peu d'adresse et d'audace je ne pourrais manquer, un bouleversement survenant, de trouver à me caser, sauf à prendre la place d'un autre, comme à ce jeu où j'excellais dans mon enfance et que l'on appelle de ce nom pittoresque : *La mer est agitée.*

Cependant je faisais profession d'une grande tendresse pour le peuple. Ce qui ne m'empêchait pas de ne porter que des souliers vernis. Et si, en passant dans la rue, un charbonnier noircissait mon pantalon noisette, ou qu'un farinier me blanchît mon habit bleu à boutons dorés, je ne tarissais pas en doléances sur la maladresse de ces gens grossiers.

D'ailleurs, je n'étais pas entré à l'étude sans but déterminé. Je me proposais d'y apprendre les affaires et de me mettre en état de remplir, dans notre village et les villages voisins, une place de banquier, pour laquelle je me sentais une aptitude marquée.

J'ai à peine besoin de vous dire que, dans un village comme la Forêt, ce mot de banquier constituait un véritable euphémisme. Les opérations de banque auxquelles je comptais me livrer n'étaient guère que des prêts à la petite semaine. Que voulez-vous? il fallait bien vivre; et en attendant de pouvoir, grâce au *National* et à la *Réforme*, se substituer tout doucement aux riches et aux grands, quoi de plus simple que de tondre un brin les pauvres et les petits? J'avais remarqué que notre canton était privé de cette industrie de l'usure déguisée qui florissait dans les cantons voisins, et je m'armai de toutes pièces pour remplir cette lacune.

Je sentais mon armure à peu près complète, et j'allais partir pour la Forêt, quand survint la révolution de 48.

C'était le triomphe de mes idées, de mes journaux, un peu mon triomphe à moi-même; car j'avais fait le coup de feu avec les insurgés, et dès les premiers jours, je fus un des orateurs les plus écoutés du club : *Les enfants du drapeau rouge.*

J'avais espéré que mes amis puissants viendraient me chercher, pour me nommer conseiller d'Etat ou tout au moins commissaire de la république. Non-seulement ils ne le firent point; mais, lorsque je me présentai à l'Hôtel-de-Ville et dans divers ministères, on me répondit unanimement par un *non novi hominem* très-humiliant.

D'un autre côté, les affaires s'étant tout à coup arrêtées dans une proportion inouïe, l'argent étant fort rare, M. Ducroquand, chez qui j'occupais, depuis bientôt deux ans, le poste de deuxième second clerc, pensa qu'il lui était bien inutile de conserver deux seconds clercs qui n'avaient rien à faire et qui lui coûtaient bien encore, nourriture comprise, de 70 à 80 fr. par mois et par tête. Et comme il avait, je ne sais pourquoi, une préférence marquée pour M. Souplet, mon collègue, il le garda et me rendit tout entier au service de la patrie.

— Pourquoi, me direz-vous, ne partiez-vous pas pour la Forêt, à l'effet de commencer votre honorable commerce? — Je l'eusse bien voulu ; même je prévoyais que, grâce à cette détresse inattendue, il y aurait plus d'un bon coup de filet à faire, plus d'un héritage à acquérir à vil prix. Mais, pour commencer, il fallait absolument un fond de roulement, et les capitaux se cachaient.

Que faire? Une idée me vint tout à coup, et je l'exécutai de même : je me fis garde mobile.

Les sentiments qui me poussaient vers cette résolution soudaine étaient de plusieurs ordres.

D'abord la faim. Oui, j'avais beau regarder de droite et de gauche, par devant et par derrière, ce morceau de pain nécessaire pour vivre matériellement, je ne le trouvais pas ailleurs que dans la giberne du garde mobile.

Puis le goût des aventures. Qui savait à quoi n'étaient pas destinés ces soldats improvisés, sorte de transition entre la garde nationale et l'armée ?

Enfin, malgré mes déconvenues successives auprès des puissants du jour, il me semblait qu'en portant le nouvel uniforme, je défendais *ma* révolution, une révolution radicale, mais non point socialiste. Je tenais pour Spartacus contre Vindex, et je voyais déjà plus d'un Vindex se lever contre nous.

Peut-être allez-vous récuser mon témoignage et me rappeler que j'étais orfévre. Mais il faut bien que, me racontant à vous, je déclare que le point de départ de ma conversion, — point d'abord imperceptible, — ce fut mon entrée dans l'état militaire.

Rien ne ressemblait moins aux loisirs, trop souvent démoralisateurs, de la vie de garnison que la vie du garde mobile en mars, avril, mai et juin 1848. Outre l'ordre et la discipline, dont l'effet est toujours salutaire, cette guerre incessante des rues, ce *qui vive* de toutes les minutes nous maintenaient dans une excitation perpétuelle, mille fois préférable à cette succession d'exercices épuisants et d'énervante oisiveté où se passe l'existence du militaire en temps de paix.

Une certaine ambition aussi servait d'aliment à l'activité de mon esprit. Parmi tant de mauvais soldats, grossiers, ignorants, n'ayant, du moins plusieurs d'entre eux, ni l'habitude de l'obéissance, ni même les premiers rudiments de l'instruction primaire, je me disais que j'avais sur la plupart d'entre eux un double et manifeste avantage. Avec cet instinct, inné chez moi, de me plier aux circonstances et de suivre la règle partout où je la trouvais établie, avec l'éducation soignée que j'avais reçue dans le collége communal de ma petite ville, éducation que mes six années de séjour chez MM. Troisvaux et Ducroquand avaient singulièrement développée du côté de la comptabilité et de la rapidité de rédaction, on s'apercevrait bien vite que même le poste de sergent était au-dessous de mes capacités.

Un sentiment d'un ordre plus élevé exerçait aussi une grande influence, sinon sur nous tous, du moins sur plusieurs d'entre nous : le sentiment de l'honneur... — « Comment! me voici, moi, soldat improvisé, hier encore gratte-papier, marchand d'allumettes chimiques, vendeur de contre-marques, abatteur de marche-pieds, quelque chose de pire peut-être encore et gravitant vers ces états qui n'ont point de nom... me voici devenu l'espoir de la patrie, la dernière ressource des honnêtes gens! Tromperai-je cet espoir? Montrerai-je que j'étais indigne de cette confiance? »

Je ne dis pas que tous ceux qui portaient le képi de garde mobile fussent sensibles à ce rôle. Plusieurs assurément s'en fussent lassés, pour peu qu'il se fût prolongé. En face de l'insurrection socialiste triomphante, je ne sais si beaucoup de ces gamins de Paris eussent été de taille à se changer en martyrs.

Ce que je sais, pour l'avoir éprouvé, c'est que plusieurs, sous cet uniforme nouveau, sentirent leur cœur battre de sentiments qu'ils ne s'étaient jamais connus et qui les étonnaient eux-mêmes. C'est qu'ils aimèrent vraiment la patrie; c'est que les visées farouches des républicains niveleurs les indignèrent très-franchement. C'est qu'après être entrés dans « la mobile » pour avoir du pain, pour être mêlés de plus près à tout le dramatique des révolutions, plusieurs trouvèrent ce qu'ils ne cherchaient pas, mieux qu'un passe-temps, une leçon, leçon précieuse; car si elle partait de la tête, elle allait jusqu'au cœur. Ils comprirent que leurs folles utopies aboutissaient logiquement aux utopies sauvages qu'ils combattaient aujourd'hui. Après s'être longtemps intitulés démocrates, ils furent véritablement « démophiles; » ils plaignirent du fond de leur âme ce pauvre peuple si cruellement exploité par d'indignes meneurs.

Chose étonnante et qui montre sous un nouvel aspect encore les ressources infinies de la bonté de Dieu! pendant mes années de cléricature, tandis que je traçais chaque jour un sillon semblable au sillon de la veille, dans le calme d'une vie qu'aucun événement ne venait accidenter, j'avais poursuivi mes plans d'apprenti usurier au milieu d'une paix stagnante — je dis *stagnante* à dessein; car c'était la paix d'une eau corrompue, — mais enfin, sans l'ombre d'une hésitation. Aujourd'hui, au milieu du tumulte de la guerre civile, et alors qu'il semblait que les péripéties de chaque jour, presque de chaque heure, dussent absorber toutes mes pensées, cette rapide succession d'événements faisait naître dans mon esprit toutes sortes de réflexions, d'aspirations... Dieu se préparait une place chez moi. Il commençait par chasser les odieux desseins que j'avais nourris trop longtemps.

Même humainement parlant, quelque chose de ce changement inattendu s'explique.

A des préoccupations égoïstes avait succédé une carrière de dangers et de dévouement. Le dévouement, dès qu'il en pénètre dans une âme la moindre parcelle, est comme ces gaz bienfaisants et salubres qui, à peine introduits dans l'atmosphère la plus viciée, en chassent les vapeurs malfaisantes et les exhalaisons délétères.

Une circonstance étrange vint donner à ces premiers bons sentiments plus de consistance encore et me fit prendre l'énergique résolution de renoncer pour jamais à mon projet de banque.

C'était le soir de la première de ces terribles journées de juin 48. J'étais sergent-major. Je fus détaché avec vingt-cinq hommes de ma compagnie pour enlever une barricade.

Derrière un énorme amoncellement de pavés, de meubles, de matelas, de roues, d'essieux, de portes violemment arrachées de leurs gonds, il y avait quinze ou vingt insurgés qui se défendirent vaillamment pendant plus d'une heure.

Trois fois nous escaladons la barricade et trois fois nous sommes obligés de rétrograder.

Enfin, au moment où, plus heureux, nous descendions de leur côté, après une dernière décharge ils s'enfuirent... A la faveur de la nuit qui venait et de l'enchevêtrement des ruelles voisines, ils nous échappèrent tous.

Un seul, qui était grièvement blessé, demeura au pied de la masse scélérate.

En revenant de notre inutile poursuite, nous le trouvâmes qui essayait en vain de se traîner vers une petite anfractuosité dont l'ombre plus épaisse l'eût peut-être dérobé à nos regards.

Reconnaissant en lui le chef de la barricade, nos hommes se mettaient en devoir de venger la mort de leurs camarades, lorsqu'il manifesta le désir de me parler.

Je vivrais cent ans que le souvenir de cet homme ne me quitterait pas. Il avait une figure sévère et triste, mais que sa barbe inculte et le sang dont ses vêtements étaient souillés, et la sombre besogne à laquelle il venait de travailler ne parvenaient pas à rendre odieuse.

— J'ai voulu vous parler avant de mourir, major, me dit-il... Je n'étais pas né pour une pareille fin. Il y a six ans seulement, j'étais encore un honnête cultivateur, heureux par ma femme et mes trois enfants.

Une funeste ambition commença ma perte. Je conçus cette absurde pensée de m'arrondir, si fatale à tant de paysans. Je n'avais pas d'argent, du moins pas assez pour le gros lopin que je convoitais. Un suppôt de Satan, un usurier de campagne, me prêta deux mille écus, Dieu sait à quelles conditions.

Il me fit souscrire des billets pour dix mille francs! A force de travail, en temps ordinaire, je fusse peut-être parvenu à m'acquitter. Mais 48 survint. Diverses rentrées sur lesquelles je comptais me manquèrent coup sur coup. Mon impitoyable prêteur me fit exproprier, non-seulement du terrain acheté, mais de ma maisonnette, cette chaumière où j'étais né, où j'avais fermé les yeux de mon père et de ma mère, où Jeanne et moi nous avions coulé des jours si doux!

Cette pauvre Jeanne! La première nuit qu'expulsés de chez nous, il nous fallut coucher dans une grange qu'on nous avait ouverte par pitié, elle prit froid. Le lendemain, une fluxion de poitrine se déclara, et le surlendemain elle mourait. Notre plus jeune enfant, qu'elle allaitait, lui survécut à peine quelques jours. Restaient les deux aînés, que le curé prit en pitié et qu'il fit placer dans un asile.

Seul, sans pain, le cœur ulcéré, je vins à Paris. Je cherchai de l'ouvrage. Je n'en trouvai, — quel ouvrage! grand Dieu! — qu'aux ateliers nationaux.

Je vis bien vite que, dans cet étrange milieu, il n'y avait que des enjôleurs et des dupes. J'en avais assez de ce dernier rôle. Je pris le premier et me jetai à corps perdu dans les sociétés secrètes... J'avais besoin de m'étourdir. Habitué à un modeste mais honnête chez moi, à trouver, en revenant de l'ouvrage, le regard souriant de Jeanne et les caresses des enfants, habitué aussi à la paix de l'âme, je me sentais le cœur déchiré par la mort ou l'absence des miens, par cette vie solitaire au milieu de la foule, par la colère, la haine, l'envie, et toutes ces affreuses hôtesses qui depuis peu avaient fait de mon âme un véritable nid de vipères.

Des sociétés secrètes aux barricades, il n'y a qu'un pas... Oh ! qu'il soit maudit cet usurier qui, le premier, me mit sur cette route infâme !... Eh ! mais, regardez donc, major. »

Je me retournai. Une détonation me rappela du côté de mon interlocuteur. Sa main gauche, seule libre, était allée chercher, dans les plis d'une vieille ceinture rouge qu'il portait en bandoulière, un petit pistolet. Le malheureux se l'était déchargé dans la bouche...

C'était quelque chose d'affreux. Sa cervelle jaillit de toutes parts, et j'en eus mes vêtements éclaboussés..... Deux ou trois spasmes seulement continuèrent la vie animale, quand la vraie vie avait déjà cessé.

Le cadavre fut rejeté derrière la barricade... et toute la nuit, au milieu des dangers sans cesse renaissants que nous eûmes à traverser, l'horrible aspect de cette face mourante et de cette cervelle jaillissante me tint fidèle compagnie...

Je vous laisse à penser si les usuriers me devinrent odieux..... — Quoi qu'il advienne, me dis-je à moi-même, et dussé-je être à tout jamais maçon ou balayeur, je renonce à mon plan de petite banque.

C'était un premier pas. — Voici le second.

Nous étions au 25 juin. Le capitaine de ma compagnie, les deux lieutenants, les deux sous-lieutenants avaient été tués. En vain, je les avais défendus au péril de ma vie. J'avais été plus heureux avec deux de mes sergents. Au moment où un gros d'insurgés les allait percer à coup de baïonnettes, grâce au pistolet de mon homme de la veille, j'avais étendu raides morts à mes pieds les deux chefs de cette sauvage escouade. Le reste s'était dispersé; mes deux sergents étaient sauvés... J'étais de droit chef de la compagnie. Mes hommes m'aimaient et m'exaltaient.

Nous étions postés rue Gît-le-Cœur, à cette extrémité qui débouche dans la rue Saint-André-des-Arcs. Une patrouille parcourait la rue jusqu'au quai, en criant : Fermez les fenêtres ! fermez les fenêtres ! et, la peur succédant à la curiosité, nous entendions à tous les étages ce bruit sinistre de fenêtres qui se ferment, de volets et de contrevents qui s'accrochent.

Pourtant, juste en face de nous, et du cinquième étage d'une maison dont les ouvertures n'avaient pas attendu nos injonctions pour se fermer, éclate tout à coup un feu bien nourri. A travers les volets avaient été ménagées des espèces de meurtrières d'où l'on nous canardait tout à son aise.

La fureur de mes hommes ne connut plus de bornes.

— Camarades, leur dis-je, — m'élançant en tête de leur colère, afin de la modérer, — à la baïonnette ! Enlevons cette maison. Brisons toutes les portes. Respectez partout les femmes, les enfants, les vieillards. Mais que tout homme qui aura les mains noires soit jeté par la fenêtre ! »

La maison est enlevée.

Nous montons à l'étage coupable.

Deux ou trois misérables sont précipités selon la consigne et rougissent le pavé de leurs os broyés et sanglants... J'ai fait quinze ans la guerre en Afrique, en Italie, en Crimée, et ces horribles nécessités de la guerre civile, quand j'y pense aujourd'hui, me font encore dresser les cheveux sur la tête.

Cependant il restait un grenier à explorer. La porte est enfoncée à coups de crosse. Nous le fouillons dans tous les sens. Derrière un tas de pavés, — des pavés qui nous étaient destinés, — le piquant de nos baïonnettes fait lever un homme qui avait espéré échapper à nos perquisitions.

Les apparences étaient contre lui. La loi martiale allait lui être appliquée. Pourtant, il proteste de son innocence, avec un accent au fond duquel je crois sentir la sincérité.

— Pierre, Lagarrigue, dis-je aux deux sergents que

j'avais sauvés le matin et qui déjà le saisissaient pour « lui faire son affaire, » vous savez que je ne boude pas contre l'ennemi.... Mais nous en avons assez tué. Epargnons celui-là, qui n'est peut-être pas coupable. »

— Après cela, faites de moi ce que vous voudrez, disait l'homme du ton le plus tranquille. Je suis en paix avec Dieu, et j'espère qu'il me fera miséricorde là-haut. Je n'assisterai plus à toutes ces horreurs..... Pourtant, quand je pense à ma vieille mère et à mes pauvres petits enfants... »

Il avait de la peine à achever. Pierre et Lagarrigue, l'un si bon fils, l'autre si tendre père, se sentaient remuer le cœur.

Sans s'avouer vaincus, ils déposèrent leur fardeau contre le mur et attendirent l'arme au pied.

L'homme en profita pour nous raconter qu'il avait été entraîné de force par les rouges du quartier, qu'ils n'avaient jamais pu le décider à tirer, que, pour se venger, ils l'avaient enfermé dans le grenier, en compagnie des pavés, bien persuadés qu'il aurait ainsi les apparences et les châtiments de la culpabilité.

Pourtant, on le fouilla, et comme on lui trouva des cartouches dans ses poches, — on trouva bien jadis la coupe de Joseph dans le sac de Benjamin, — sans écouter ses explications, Lagarrigue et Pierre ouvraient déjà la fenêtre.

Voyant mes représentations vaines, dévoré pourtant du désir de sauver ce malheureux, j'eus la soudaine illumination de prier... Et ne croyez pas que j'aie fait une prière de déiste, que j'aie invoqué le dieu des stoïciens ou l'Être suprême de 93.

Non, la prière que je bégayais, enfant, sur les genoux de ma mère, l'*Ave Maria*, me revint tout naturellement sur les lèvres et dans le cœur. J'invoquai la sainte Vierge, la conjurant de conserver ce fils à sa mère et ce père à ses petits enfants.

Je n'avais pas fini, que Lagarrigue :

— Au fait, dit-il, nous n'en mourrons pas pour avoir épargné ce pauvre diable... Capitaine, — on m'appelait ainsi depuis le matin, malgré mes épaulettes de laine, — nous vous le donnons.

— Dieu vous bénira, nous dit en s'éloignant l'homme, que je n'ai jamais revu, pas plus que je n'ai jamais su si nous avions sauvé en sa personne un coupable ou un innocent.

Cependant l'insurrection de juin avait eu l'issue que vous savez. La France respirait; encore une fois elle échappait à la barbarie.

Le soir du 26, j'avais été nommé sous-lieutenant.

Peu de temps après, la garde mobile fut licenciée. Comme j'étais très-bien noté aux bureaux du ministère et à l'état-major de la place, on m'offrit d'entrer, avec mon grade, dans un bataillon de chasseurs à pied, en garnison à Mostaganem.

J'acceptai avec empressement. C'était une position honorable. Cela me maintenait dans l'état militaire, où j'avais pris goût, et m'arrachait à ces chances perpétuelles de guerre civile qui me faisaient horreur. Puis j'allais voir du pays, ce qui ne m'était pas indifférent.

Que vous dirai-je de mes cinq premières années d'Afrique? Je m'y battis de grand cœur, heureux, plus que je ne puis dire, de n'avoir devant moi que des Arabes. J'appris la langue du pays. Je m'acclimatai si bien que les expéditions les plus périlleuses et les plus fatigantes, les garnisons les plus malsaines étaient toujours et tout naturellement mon lot. Ayant été blessé dans une rencontre avec les Kabyles, en moins de deux ans je pus faire passer ma contre-épaulette de gauche à droite. Au bout de cinq ans j'étais capitaine.

J'aimais mon métier. Je me portais bien. Un bel avenir s'ouvrait devant moi. Depuis mon chef de bataillon jusqu'au gouverneur général, tous mes supérieurs me voulaient du bien. Depuis mon premier lieutenant jusqu'au fifre de la compagnie, tous mes subordonnés m'aimaient. Quelques vrais amis, d'une de ces amitiés nées sous la tente et grandies au milieu des dangers communs, m'empêchaient de trop souffrir de la solitude du cœur.

Que me manquait-il donc? Evidemment, il me manquait quelque chose..... Evidemment, je n'avais pas la paix de l'âme, ce bien le premier de tous.

J'osais à peine me l'avouer à moi-même : c'était

Dieu qui me manquait; c'était la pensée de Dieu qui me travaillait.

J'avais renoncé à mes odieux projets d'usure. J'avais, pour sauver cet homme de la rue Gît-le-Cœur, retrouvé sur mes lèvres les prières de mon enfance. C'était un premier pas loin du mal, un second pas vers le bien. Un troisième, définitif, ne restait-il pas à faire?

Un jour, avec une quarantaine d'hommes, les plus déterminés du bataillon, je formais l'avant-garde d'une petite expédition de deux mille fantassins chargée d'aller mettre à la raison quelques tribus révoltées sur la limite du désert et de la Mitidja.

Tout à coup, derrière un épais buisson, — presque un bois, — d'aloès et de palmiers nains, nous vîmes se dresser plusieurs centaines d'Arabes. Nous eûmes juste le temps de nous enfuir dans un ravin étroit qui offrait certaines facilités à une résistance désespérée, le temps surtout de tirer vingt-cinq coups de fusil, dont le nombre et l'espacement devaient servir à donner l'éveil au gros de l'expédition et l'empêcher de tomber dans le piége où nous avions donné nous-mêmes.

Pendant que nous nous installions le plus commodément possible dans notre défilé, les Arabes en gardaient toutes les issues, montaient même sur les roches qui le dominent. Mais la configuration de ces roches surplombantes est telle, qu'elles nous protégeaient contre nos ennemis, lesquels pouvaient seulement nous attaquer de droite ou de gauche.

En attendant, ils nous crièrent, avec force gestes menaçants : « Nous sommes les cousins de ceux que » vous avez enfumés comme des renards dans la ca- » verne de ***. »

Je vis bien qu'il fallait mourir. S'échapper était impossible. Nous avions nous-mêmes, — faisant bravement notre devoir d'avant-garde, — prévenu l'armée de ne nous point secourir. Encore quelques heures pour lasser notre patience, nous prendre par la famine et tenter de nous amener à composition; et envahissant notre retraite par l'une ou par l'autre extrémité, les Arabes faisaient de nous une effroyable boucherie.

A la lumière de cette mort certaine, je vis clairement dans mon cœur.

« Ce qui me manque, c'est bien Dieu. Je n'ai pas peur de mourir. Pourtant je donnerais tout ce que je possède, toutes mes chances d'avenir, vingt et trente ans de ma vie, si je les avais encore à ma disposition, pour un quart d'heure d'entretien avec un prêtre... »

Je dis avec un prêtre. Car, pas plus que lorsque je voulus prier rue Git-le-Cœur, je ne me mis en quête d'une prière d'hérétique, de déiste, de brahme ou de derviche, pas plus alors je ne me demandai de quel Dieu j'avais besoin, et quelle forme je choisirais, — parmi tant de confessions diverses, — au culte dont mon âme avait soif. Je souhaitais ardemment un prêtre catholique, afin de me confesser.

Pourtant, il fallait faire son devoir. Je promis solennellement à Dieu, si Dieu, par un miracle, me tirait de ce vestibule de la mort, de n'avoir pas de cesse que je me fusse réconcilié avec Lui, et que je ne fusse devenu, effectivement et pratiquement, le moins mauvais chrétien qu'il me serait possible.

Puis, recommandant mon âme à Celui qui voit le fond des cœurs, qui voyait ma bonne volonté, je ne m'occupai plus que d'aviser, avec mes sous-officiers, au meilleur parti à tirer de notre situation.

Nous étions, je l'ai dit, abrités par en haut, sous des roches que ne perçait pas la moindre meurtrière. Il n'y avait donc d'autre moyen de nous aborder que de se présenter à l'une ou à l'autre extrémité du souterrain. Mais nos rusés ennemis savaient bien qu'en cas d'attaque, plusieurs d'entre eux tomberaient sous le feu de nos carabines. La chaleur était accablante. Au bout de douze heures, de vingt-quatre heures, nous finirions par succomber à l'insolation, à l'épuisement, à la soif, au sommeil du moins.

L'Arabe est patient.

Ceux à qui nous avions affaire attendaient donc, comme une nuée de vautours au-dessus d'un champ de bataille, de nous voir tomber sans coup férir.

Il y avait six heures que nous tenions bon sous notre couvercle. Je commençais à me demander s'il ne vaudrait pas mieux faire une trouée et mourir en vendant cher nos vies, que de périr, dans ce trou, de chaleur et de faim.

Tout à coup, à l'horizon, un petit nuage de poussière attira nos regards. Le nuage grossit, grossit, et finit par remplir la plaine.

C'est une tribu ennemie de nos agresseurs et amie de la France. Plus de deux mille hommes sont là. Nous voyons briller au soleil les longs fusils damasquinés et flotter au vent les burnous blancs à capuchons rouges et noirs. Les chevaux hennissent. Les cavaliers se dressent sur leurs selles. Quelques coups de fusil sont échangés...

Pendant que les assaillants se portent d'un des côtés du ravin et que nos ennemis se dirigent tous du même côté, quarante chevaux sont amenés à l'autre bout. Nous les enfourchons, et, deux heures après, sans avoir perdu un seul homme, nous étions à l'oasis où campait le gros de l'expédition, et qui avait été désignée pour l'étape du premier jour.

J'ai tenu ma promesse.

Dès que je pus obtenir un congé, je me rendis à la trappe de Staouëli. Je n'ai pas besoin de vous dire ce que j'y fis. Demandez-le au P. Stanislas.

Mon histoire, depuis ce temps, est tout entière dans un mot. Je suis heureux.

Est-ce parce que je suis devenu chef de bataillon, lieutenant-colonel, officier de la Légion d'honneur, et qu'avant qu'il soit longtemps, selon toutes les probabilités, je serai colonel et commandeur?

Non. Tout mon bonheur, c'est que je suis chrétien;

c'est que dans mon cœur habite cette paix qui me manquait tant autrefois. C'est qu'au lieu de faire mon état comme un métier, de ne penser qu'à mon avancement, je vois dans cette noble profession des armes, vers laquelle Dieu m'a poussé par un concours si extraordinaire de circonstances, j'y vois ce qui a été l'instrument de mon salut. Je veux aussi chercher à faire du bien à ceux qui me sont confiés, et je vous assure que les occasions ne manquent point, et que si, avec elles, les difficultés se présentent, ces difficultés sont de celles que surmontent presque toujours la persévérance et la prière.

Que de fois, après avoir, pendant des mois et des années, chapitré un camarade pour le faire revenir à Dieu, que de fois Dieu a pris la parole à ma place et a enlevé tout d'un coup ce cœur dont je faisais le siége depuis si longtemps!...

C'était la veille d'une bataille. J'arpentais avec Georges et Henry le terrain vague qui s'étend entre les tentes et les palissades du camp. L'air était tiède et parfumé. La lune, en se levant, noyait dans une lumière argentée les fusils en faisceaux, et les trophées de tambours, et les harnais des chevaux, et les uniformes si pittoresques de nos alliés arabes, dormant roulés dans leurs manteaux.

Nous ne disions rien; mais tout en pensant au combat du lendemain, Georges pensait à sa mère et Henry à sa fiancée, et tous deux, qui n'avaient jamais craint la mort, désiraient de ne point mourir encore cette fois. Et, de plus hautes pensées se glissant dans leur âme, tous deux inclinaient notre promenade du côté de la tente de l'aumônier. Tous deux y pénétraient en tremblant un peu. Tous deux en sortaient rayonnants et venaient m'embrasser en me disant : Merci !

Oh ! les nobles larmes, mon Dieu ! qui, de ces cœurs où vous veniez de rentrer, montaient jusqu'à ces yeux et mouillaient ces mâles visages !

Oh ! qu'elle fut paisible, le lendemain, la mort de Georges, quoiqu'il pensât à sa mère ! Et que celle-ci, en apprenant cette fin chrétienne, eut des paroles dignes de la mère des Machabées !

Oh ! quelle âme pure et redevenue candide Henry a pu offrir à sa charmante fiancée, quand, six mois plus tard, il la conduisit à l'autel !

Douces nuits d'Afrique, veille sereine du combat, lune qui présidiez à nos entretiens, à nos silences, de quels bienfaits vous avez été l'aurore ! Et Henry, l'heureux époux, le père béni dans ses fils et ses filles, ne dit-il pas aujourd'hui à qui veut l'entendre, que c'est à la tente de l'aumônier, que c'est à nos amicales controverses, prélude longtemps prolongé de ce dernier coup de la grâce, qu'il faut rattacher toute la chaîne de son bonheur ?

CHAPITRE IV.

D'EXPÉDITIONNAIRE, MISSIONNAIRE,

C'était le tour de l'abbé.

— Mon histoire, dit-il, a quelque analogie avec celle de notre cher hôte. Mon retour à Dieu a commencé par la calligraphie.

Cela n'a rien d'étonnant. Fabien était petit clerc et moi expéditionnaire. Aux saute-ruisseaux, comme aux copistes, on demande d'ordinaire une belle main. Cette belle main a été l'anse par laquelle la divine Bonté nous a saisis tous deux.

Vous vous souvenez peut-être que, comme l'honorable préopinant, je faisais profession d'être républicain. Mes parents avaient été jadis non-seulement à leur aise, mais riches. Je ne pardonnais pas à la société de les avoir laissés tomber dans la débine, précisément à l'heure où le confort et l'éclat de la richesse m'eussent si bien convenu. J'en voulais aussi à Dieu, qui permettait ces scandaleuses inégalités dont le monde offre l'éternel spectacle, et j'étais tenté, pour punir le Créateur, de décréter sa non-existence. Il va de soi que je détestais les prêtres.

Or, il advint qu'en 1846 ma grand'mère maternelle, avec laquelle je demeurais, ayant « attrapé, » comme on dit, une fluxion de poitrine dont les suites furent très-longues, les soixante francs que je gagnais par mois devinrent tout à fait insuffisants pour payer, outre le courant du loyer, de la nourriture, du chauffage et de l'entretien, pour payer, dis-je, le médecin, le pharmacien, et procurer à la pauvre convalescente quelques-unes du moins de ces douceurs dispendieuses qui étaient devenues pour elle le nécessaire.

Je cherchai un supplément d'occupation, soit le matin, avant neuf heures, soit le soir, entre cinq et huit.

Un de mes amis me parla de la copie d'un long manuscrit, pour le compte d'un abbé fort riche, l'abbé de Meslat.

J'hésitai. Ce contact avec une soutane me répugnait et m'effrayait en même temps.

— Je les connais, ces prêtres, répondis-je. Ils ne doutent de rien ; celui-là est capable de m'*entortiller*.»

Mon ami, qui n'était point dévot, se moqua de moi et insista.

— L'abbé de Meslat, me dit-il, est mon camarade de collége. C'est un bon diable et qui paie bien. Et puis, est-ce que des gens comme nous ont peur de ces billevesées des prêtres? Pour moi, j'en ai pratiqué, et des plus connus et des plus savants. Plusieurs ont essayé de me convaincre; pas un n'a su me mettre à *quia.* »

Je serais bien aussi solide que mon ami. J'acceptai.

C'était vraiment une besogne intéressante que cette copie.

Eustache de Meslat, homme d'esprit et de savoir, tenait déjà un rang distingué dans le jeune barreau parisien, lorqu'il avait tout d'un coup quitté le monde pour entrer au séminaire. Une fois prêtre, sa santé, assez délicate, ne lui permettant pas d'embrasser tout de suite le ministère actif, il avait consacré son temps, son talent, son expérience des hommes et des affaires, le résultat de ses observations quotidiennes, à un ouvrage longtemps mûri dans sa tête, puis écrit tout entier au courant de la plume, puis soigneusement « revu et corrigé. »

Au moment où il allait le recopier pour l'impression il se blessa assez grièvement au pouce droit avec un canif. C'était pour remplacer sa main invalide qu'il avait cherché un copiste.

J'écrivais sous sa dictée, lui seul étant capable de se reconnaître au milieu des ratures et des renvois dont il avait surchargé les marges et les interlignes de son manuscrit.

L'ouvrage lui-même était des plus intéressants, dans le genre de ces *Réponses,* qui ont été, depuis, l'un des grands succès et des grands bienfaits de notre époque.

Un style plein de verve et de feu, un raisonnement serré comme une cotte de maille, de fréquentes excursions dans le domaine de l'histoire et de la philosophie pratique, une grande simplicité, un sens littéraire très-fin, des remarques que n'eût pas désavouées un moraliste de profession, tant elles étaient ingénieuses et profondes, cela constituait un ensemble des plus attrayants et un livre qui a dû faire un bien considérable, s'il a été publié.

A mesure que j'écrivais, l'abbé m'interrogeait.

Très-frappé au fond, — je n'étais pas de ceux qui écrivent sans lire, — je répondis d'abord sournoisement que j'étais un bien mauvais juge. Car je ne croyais à rien, ni à la révélation, ni à Jésus-Christ, ni à l'Église, ni au surnaturel d'aucune sorte; tout au plus, — et encore! — à l'existence de Dieu et à l'immortalité de l'âme.

— Justement, répondit l'abbé. Vous êtes le juge qu'il me faut. Croyez-vous par hasard que j'écrive pour ceux qui ont la foi? J'écris pour ceux à qui elle manque, comme à vous... Comprenez-vous, et êtes-vous touché? Voilà ce que je voudrais savoir. »

Je comprenais parfaitement. C'eût été accuser ma pénétration que d'en disconvenir. Mais j'étais touché aussi. Je le niai... hardiment d'abord, puis faiblement... puis plus du tout.

Dans ce livre des *Questions*, — c'était son nom, — l'abbé de Meslat faisait subir à son lecteur un interrogatoire qui vraiment semblait fait tout exprès pour moi. Il allait chercher jusqu'au fond de mon âme les motifs de mon incrédulité, motifs que je me cachais à moi-même. Il rappelait avec tant d'éloquence et de simplicité les sentiments qui, naguère encore et aux jours bénis de ma première communion, m'avaient causé les plus pures et les plus douces joies dont j'aie gardé le souvenir; quoi que j'en eusse, je me sentais si incapable d'opposer l'ombre même d'une raison sensée à cette argumentation, que la volonté seule me manquait pour devenir, non plus seulement le secrétaire, mais le disciple de l'abbé. Je sentais parfaitement que je le devais. Mais, par des motifs que chacun devinera, je me dis que je ne le voulais pas.

Pourtant, quand ma copie fut terminée,

— Monsieur l'abbé, dis-je à l'auteur, en lui rendant cordialement sa chaleureuse poignée de main, si jamais je me convertis, je veux que vous soyez mon premier directeur.

— Qui sait, répondit-il, si cela est aussi loin que vous l'imaginez?

Ma chère malade s'était rétablie. Mes appointements de l'étude nous suffisaient de nouveau. Je ne pensai plus ni au livre des *Questions*, ni à son auteur, ni à ma conversion.

En 1850, je perdis ma grand'mère, et, en même

temps à peu près, mon aïeul paternel, qui me laissait un tout petit patrimoine : une chaumière, un champ et cinquante écus de rente sur le grand-livre. C'était trop pour végéter à jamais dans une étude d'avoué, pas assez pour mener à bien une entreprise, si modeste fût-elle, qui eût quelque chance de me conduire de l'aisance à la fortune... surtout en France, et à cette époque de crise.

Alors je me dis :

— Je suis jeune, vigoureux, bien portant; j'aime l'imprévu avec cette frénésie d'un homme dont tout l'horizon jusqu'ici s'est étendu des Batignolles à la rue Neuve-des-Petits-Champs. Si je réduisais en « argent sec et liquide » ma maisonnette, mon champ et mes rentes, et que je partisse pour le *farwest!* »

Une fois cette résolution prise, restait le choix de la compagnie d'émigrants à laquelle je m'adresserais. Il en pleuvait; et je ne crois pas mentir en disant que je fus rudement heureux de tomber, sans le savoir, sur une compagnie honnête...

Si j'avais su qu'elle poussât l'honnêteté jusqu'au christianisme, cela sans doute m'eût fait reculer.

Il était trop tard quand je l'appris, ou plutôt quand je le vis.

Nous étions en mer, à deux ou trois lieues du Havre peut-être. Après avoir soigneusement rangé mon petit bagage dans la portion de cabine qui m'était allouée, je remontai sur le pont; et quel ne fut pas mon étonnement d'apercevoir un abbé barbu qui disait tranquillement son bréviaire, assis à côté du gouvernail !

— Il y a donc des prêtres ici? dis-je, d'un ton d'effroi, au premier matelot que je rencontrai.

— Oh! c'est seulement l'aumônier, me répondit le marin.

La vue de cette soutane me chiffonnait. Tout le jour je me tins à l'arrière, pour en éviter le voisinage.

Le soir pourtant, j'avais reconnu que presque tous nos passagers étaient des ouvriers et des paysans allemands, flamands ou irlandais, que j'étais à peu près à bord le seul *gentleman* et le seul Français; et que, si je faisais fi du tricorne, je risquais fort de devoir m'entretenir jusqu'à New-York, seulement avec mes pensées. C'est une société que j'avais toujours redoutée. « Mieux vaut encore la compagnie de l'aumônier, me dis-je. J'aurai le plaisir de la discussion, peut-être la consolation de vexer le calottin, en lui prouvant que je ne suis pas comme tant d'autres, du gibier de confessionnal. »

Dans ces excellentes dispositions, j'abordai mon abbé, le soir même.

Il y avait déjà un quart d'heure que nous arpentions le pont du navire, sans sortir encore des généralités. Malgré moi, je trouvais que ce calottin paraissait véritablement un homme d'esprit et un homme de cœur, lorsque, s'arrêtant tout court,

— Ah çà, mon cher camarade de traversée, me dit-il, vous croyez donc que c'est la première fois que nous nous rencontrons. J'ai meilleure mémoire. Il est vrai que j'ai beaucoup changé depuis six ans. Je suis rose et dodu, au lieu d'être jaune et décharné. Surtout cette barbe de sapeur est un bon masque et qui vous a empêché de reconnaître l'abbé de Meslat. »

Par un mouvement dont, je ne sais pourquoi, je fus presque honteux l'instant d'après, je me jetai dans ses bras.

Il me fit raconter par quel concours de circonstances j'avais quitté, pour l'*Etoile-des-Mages* (c'était le nom du navire), le n° 127 de la rue Neuve-des-Petits-Champs.

Quant à lui, sa santé s'étant singulièrement consolidée ces années dernières, rien ne l'avait plus empêché de suivre sa première vocation : de se faire missionnaire. Désireux de commencer son apprentissage le plus tôt possible, il s'était abouché avec cette compagnie des *Emigrants-Réunis*; et il avait obtenu — d'autant plus facilement qu'il demandait pour tous honoraires son passage gratuit — l'aumônerie de l'*Etoile-des-Mages*.

J'étais sans famille, sans amis, je me dirigeais vers un avenir inconnu. Je ne saurais vous dire avec quelle joie j'entrevis la perspective de vivre, pendant les trois mois qu'allait durer notre traversée, avec un homme comme l'abbé de Meslat.

Il y a des êtres dont le charme est tel, qui personnifient si bien la bonté sur la terre, qu'il faudrait être soi-même l'endurcissement et la perversité incarnée pour ne pas se sentir attiré vers eux par le plus puissant et le plus doux des attraits. On les aime d'abord, et l'on ne conçoit pas de bonheur plus grand que de les aimer chaque jour davantage, en les pratiquant de plus près. On oublie, pour ne voir que le rayonnement de leur bénignité, tout, même cet esprit supérieur qui devrait nous tenir en respect, ces inflexibles principes, si soi-même on est libre penseur, cette piété d'ange, si l'on ne sait pas aimer Dieu.

C'est ce qui m'arriva.

Tant que je n'avais vu sous cette robe noire qu'un prêtre quelconque, j'avais été contrarié. Dès que j'y vis l'abbé de Meslat, il n'y eut plus de soutane pour moi, mais seulement ce cœur d'or auprès duquel j'allais me réchauffer, et cette intelligence dont le frottement ne pourrait que m'être très-avantageux et très-agréable.

Qu'arriverait-il en fin de compte de tout cela? et ce qu'avait ébauché le livre des *Questions*, cette longue intimité n'était-elle pas destinée à le parfaire? C'est à quoi je ne pensai même pas : j'étais tout entier sous le charme de mon compagnon.

Je devins son ombre.

Il avait parfaitement saisi, l'habile homme, le point où en était mon âme. Depuis longtemps déjà j'étais convaincu. Inutile donc de me raisonner ; inutile de me prêcher. Il fallait laisser faire la grâce, qui me travaillait manifestement, ne me rien cacher des beautés de la foi, sans chercher pourtant à m'en imposer l'admiration; exciter en moi un désir immense de ce contentement du cœur et de cette clarté de l'esprit qui ne se rencontrent que dans une vie sincèrement chrétienne. Ce travail intérieur une fois poussé un peu loin dans ce milieu excellent, puisque le respect humain n'y pouvait fonctionner, Dieu saurait bien susciter quelque incident qui enlèverait la chose.

Cet incident fut une tempête. Nous courûmes de sérieux dangers.

L'abbé parla pour la première fois.

Nous étions assis à côté l'un de l'autre. J'étais fort pâle.

— Mon ami, me dit-il, vous me rendrez cette justice que je n'ai pas abusé du prosélytisme. Permettez-moi, en ce moment critique, d'être seulement le traducteur de la conversation qui se passe au dedans de vous. « Que je serais absurde, vous dites-vous, de différer, » ne fût-ce que d'un quart d'heure, une démarche que » je sais être mon devoir, et un devoir bien urgent, si, » comme cela n'est que trop probable, quelques » heures seulement nous séparent du suprême tribu- » nal! » Eh bien! mon ami, ne soyez pas absurde et suivez-moi dans ma cabine. »

Je le suivis docilement...

J'avais à peine reçu l'absolution, j'avais à peine senti couler dans mon âme ce fleuve de joie que les paroles humaines ne pourront jamais même faire pressentir, et la tempête avait cessé.

Bonté de mon Dieu! Qui sait si ce n'était pas pour

moi, indigne pécheur, pour ranimer mon âme languissante, pour y allumer le feu de votre amour et la jeter brûlante à vos pieds, qui sait si ce n'était pas pour moi seul que vous aviez ainsi remué les abîmes et déchaîné les vents?

Et facta est tranquillitas magna. Qu'était la tranquillité des flots apaisés et des vents enchaînés, à côté de la paix qui régnait dans mon âme?

Aussi le retour du calme « sur l'onde et dans les cieux » ne me suggéra même pas cette mauvaise pensée que je m'étais peut-être bien pressé de me convertir, sous la menace d'une tempête qui n'avait pas abouti... Quand une fois on a mis les lèvres au calice des miséricordes divines, est-ce qu'on ne mourrait pas, faute de ce breuvage sacré?

Je vivais donc, et à mesure que je savourais davantage et la conversation de l'abbé et cette conversation qu'il m'avait appris à avoir avec Dieu, il me sembla que pour combler le vide de ma vie antérieure, être chrétien ne me suffisait pas. Une autre vocation germait par-dessus la première. « A quoi bon courir après la fortune? Et qu'en ferais-je? Pourquoi plutôt ne pas suivre mon cher guide jusqu'au bout? Quel plus beau, quel plus noble emploi de cette lumière qui s'était, grâce à lui, levée dans mon âme, que de chercher à l'accroître encore, à en faire un flambeau qui éclairât les autres, à parcourir cette rude, mais méritoire voie des missions? »

Ma raison, — le côté humain du moins de ma raison, — appelant à son aide toute sorte d'arguments usés et dont je reconnaissais intérieurement le vide et le faux, essaya bien quelque temps de lutter contre l'attrait divin.

Cet attrait devait être victorieux. Je sentis que je serais malheureux et coupable en lui résistant davantage. L'abbé ne me le dit pas tout d'abord. Lui-même voulut m'éprouver. Il m'interrogea seulement, comme savent interroger ces pères de nos âmes. Toute la vérité sortit de ces confidences. Il fut bientôt lui-même convaincu que Dieu m'appelait. Alors il me tendit la main, m'entraînant après lui.

Il serait presque plus exact de dire que nous nous entraînâmes l'un l'autre.

Par une de ces étranges réciprocités qui permettent quelquefois au disciple d'être pour le chrétien émérite qui l'a formé l'occasion d'un progrès de plus, l'abbé de Meslat ne put voir ma détermination de me donner à Dieu sans se demander si, lui aussi, il ne pourrait pas sacrifier quelque chose encore pour la gloire de son Maître et le salut de ses frères.

En cherchant bien, il se dit :

— De toutes les vertus chrétiennes, l'une des plus difficiles et des plus fécondes, c'est assurément l'obéissance. Et pourtant, cette vertu-là, il semble que je l'aie complétement mise de côté. Sous le prétexte de ma santé, — prétexte qui n'est plus valable depuis longtemps, — j'ai toujours travaillé « à mes heures, » selon le caprice de mon zèle... ou de ma nonchalance. J'étais presque un prêtre amateur, ne prenant aucune part à cet humble et noble ministère des paroisses, où se consument tant de vertus, où se recueille une si ample et si obscure moisson de mérites. Un prêtre qu ne confesse pas, qui ne prêche pas, qui ne fait pas le catéchisme, qui ne visite pas de malades, qui n'enterre ni ne marie, qui demeure étranger aux œuvres de soldats, d'ouvriers, d'apprentis, de prisonniers, est-ce un prêtre? Et quand j'écrivais ces fameuses *Questions*, en quoi différais-je d'un bon laïque?

J'étais un prêtre amateur. Ne me préparé-je pas maintenant à devenir un missionnaire amateur?

Sans doute, je vais me mettre à la disposition de l'un des évêques les plus rapprochés de la frontière, et le nombre des ouvriers est si restreint, comparé à la vaste étendue des territoires à évangéliser, que Monseigneur m'accueillera certainement les bras ouverts; qui sait? peut-être avec des éloges et une reconnaissance qui me tourneront la tête. — Au lieu de suivre ainsi mon propre mouvement, d'être tenté de m'admirer chaque fois que ce mouvement me semble bon, au lieu d'être une force individuelle et comme perdue, ne ferai-je pas mieux de m'agréger à quelqu'une de ces pépinières de missionnaires où les *sujets*, si nombreux qu'ils soient, sont toujours trop rares, d'immoler, en prenant l'habit religieux, cette indépendance et cette initiative qui flattent tant mon secret orgueil, de devenir, sous la sage direction de mes supérieurs, un instrument mille fois plus puissant et mieux employé que lorsque j'étais « dans la main de mon propre conseil? »

Le résultat de ces réflexions, où l'abbé de Meslat se jugeait avec cette rigueur, en apparence injuste, que les saints ont toujours mise à se juger eux-mêmes, le résultat, dis-je, fut qu'à peine arrivés en Amérique, nous entrâmes tous deux au noviciat de Jésuites le plus rapproché de notre point de débarquement. Deux ans après, — les besoins de l'apostolat étaient immenses et ne permettaient qu'un court apprentissage, — le Père de Meslat et le Frère Michel partaient ensemble pour les Montagnes-Rocheuses.

Nous y fîmes quelque bien. Et quand je dis *nous*, ce n'est pas que je veuille détourner à mon profit la moindre parcelle des mérites de l'incomparable Père... Mais pourtant je ne faisais qu'un avec lui, à peu près comme le corps ne fait qu'un avec l'âme, ou comme le souffleur est indispensable à l'organiste et le praticien au sculpteur.

Ma vigueur peu commune n'était pas inutile, quand nous avions à tenir en respect quelque Peau-Rouge mal intentionné; ma hachette de bûcheron et ma serpette de vigneron nous rendaient les plus grands services quand il s'agissait de nous frayer une route à travers les troncs d'arbres, des herbes gigantesques et les lianes obstinées. J'étais habile à la chasse, à la pêche. En un tour de main j'avais construit avec des pierres, des branchages et de la glaise, un rempart suffisant pour nous préserver des bêtes fauves. Nul n'allumait plus rapidement un feu de feuilles sèches, facilement alimenté par cette masse de bois mort qui jonche les forêts de ces contrées; et quand nous arrivions transis et mourant de faim dans quelque terrain propre au campement, ce feu bienfaisant nous réchauffait, cuisait nos aliments, retenait à distance ces incommodes voisins dont nous entendions au loin les cris féroces, dont nous voyions quelquefois, à travers les fentes de notre abri, flamboyer les yeux terribles. Les dignes animaux n'eussent pas mieux demandé que de faire plus intime connaissance avec nous, par exemple de nous loger, — comme jadis Jonas chez la baleine, — dans leur œsophage.

Quelquefois aussi, je montais d'un cran. De domestique, je devenais catéchiste. Au noviciat, je m'étais particulièrement attaché à apprendre les divers dialectes de ces pauvres peuplades que nous allions évangéliser.

Lors donc que nous étions arrivés dans un village déjà chrétien, mais où, depuis un demi-siècle, peut-être, pas un prêtre n'avait paru, tandis que le Père confessait ceux de ces pauvres gens qui avaient conservé en un cœur pur la bonne semence confiée jadis à leurs ancêtres, ou qui, s'ils avaient été infidèles à la loi, avaient du moins gardé la foi, moi je réunissais le reste de la bourgade et je leur faisais le petit catéchisme. En leur expliquant le *Pater*, l'*Ave*, les Commandements, je commençais de les dégrossir. Puis venait le Père, qui achevait de tailler et de polir ces statues ébauchées. En quelques traits de sa parole brûlante il leur faisait toucher du doigt le sens intime des enseignements catholiques, et leur inspirait un désir ardent du baptême et de l'absolution.

Rien n'était matériellement plus pénible que cette vie errante, où nous faillîmes plus d'une fois périr de faim. Car nos provisions furent vite épuisées, et toute ma poudre et mon adresse de chasseur parvenaient difficilement à nous trouver à dîner là où pas un être animé ne paraissait à l'horizon. Ajoutez à cela les reptiles venimeux qui foisonnent dans ces parages et qu nous tenaient dans de perpétuelles alarmes. Plus d'une fois il me sembla que, pour conserver ses pauvres serviteurs, Dieu voulut tenir à la lettre la promesse faite jadis aux premiers missionnaires : *Serpentes tollent.*

Plus cruels encore que les tigres et les serpents, ceux que nous voulions conserver ou ramener à la foi cherchèrent souvent à nous donner la mort. Mon oreille porte encore la trace d'une flèche, heureusement non empoisonnée, que me lança certain sauvage, en réponse à une tendre invitation que je lui adressais de venir écouter « la bonne nouvelle. »

Puis, un soir, nous tombâmes au milieu d'un gros d'Indiens cruels et rapaces. Le bréviaire de mon compagnon — à cause de ses fermoirs de cuivre — et mon fusil à quatre coups donnèrent dans l'œil du chef de la bande. Au lieu de parlementer pour obtenir ces deux objets, il ordonna à ses hommes de s'en saisir aussitôt, ce qu'ils firent de grand cœur. Puis, nous attachant à deux arbres avec de fortes cordes, ils disparurent.

Ce serait une longue histoire de vous dire comment je pus dénouer ces maîtres nœuds. J'en eus un doigt fort endommagé. Comme le rat de la fable, je fis tant par mes dents, qu'au bout de six heures de patient travail, le Père et moi nous fûmes rendus à la liberté..., c'est-à-dire rendus aux tortures de la faim, aux griffes des animaux féroces et aux flèches de cet animal, le plus féroce de tous quand il s'y met : l'homme. Que devenir sans mon fusil !

Dieu nous protégea visiblement, et après vingt jours de fatigues, de dangers, de privations de toute sorte et de pluies torrentielles, nous arrivâmes à un village, demeuré chrétien depuis longtemps et que nous avions traversé au début de notre tournée.

Les bons sauvages nous accueillirent avec toute sorte de démonstrations de joie.

Mais leur joie eut bientôt fait place à la tristesse, quand ils s'aperçurent de la fatigue et de l'épuisement dont les traits du Père portaient l'empreinte.

— Mes enfants, dit-il à la députation qui vint le féliciter sur son retour, je ne sais si je me trompe, mais je crois que je viens mourir chez vous... »

Il ne se trompait pas.

Le soir même il fut pris d'une fluxion de poitrine,

et, dès la nuit, nous vîmes bien, lui et moi, que tout était fini.

Le lendemain, au lever du soleil, nos hôtes étaient sur pied, *usque ad unum*, pour voir mourir la robe noire.

Je ne pense pas qu'il y ait ici-bas de plus beau spectacle que la mort d'un saint, une mort non-seulement résignée, mais joyeuse, et où il semble que le corps lui-même emprunte quelque chose à l'impassibilité de l'autre vie; car, au milieu de tortures sans nom, quelle joie dans le cœur de ce moribond, joie d'un exilé qui va revoir sa patrie, joie d'un fils qui retourne vers son père, joie du fleuve qui court se précipiter dans l'océan immortel, joie vraiment ineffable et qu'il faut avoir vue pour la comprendre!

Mais aussi, quand, à cette heure lugubre qui arrache à l'impie des cris de rage, que l'indifférence accueille tout au plus avec un calme stoïque, quand on a vu ces yeux noyés d'amour, cette poitrine oppressée par la reconnaissance, cette certitude d'un bonheur sans fin, cette tendresse pour les frères qu'on laisse derrière soi, cette préoccupation de leur salut, cet acquiescement parfait aux divines volontés, — même à voir encore une fois s'échapper cette coupe de délices que l'on croyait tenir, même à retourner au combat de la vie, afin d'y travailler, d'y souffrir, d'y mourir encore pour Dieu et pour les âmes, — ah! quand on a vu tout cela et qu'on n'a pas un cœur de pierre, on est plus touché, plus convaincu, plus converti, plus affermi dans la foi que par tous les chefs-d'œuvre de l'éloquence ou de la dialectique.

— Face blanche, me dit le chef du village, après que nous eûmes enseveli le Père au centre de la bourgade, face blanche, je parle pour tous ces hommes et toutes ces femmes que voici. » Et il me montrait la tribu entière sanglotant derrière lui : « Dis à notre grand-père, la robe violette de***, que nous le remercions. Jusqu'ici les robes noires qu'il nous avait envoyées nous avaient touchés par la force de leur parole et l'exemple de leurs vertus. Mais nous n'avions pas encore vu mourir de robe noire. Celui-ci, par sa mort, nous a rivés pour jamais à la foi du Seigneur Jésus. Dieu seul peut donner à l'agonie une telle douceur. Dans les yeux de ton frère mourant, face blanche, nous avons vu clairement le ciel où il allait.

A peine rentré au noviciat, je fus malade à mon tour, si malade qu'il fallut me renvoyer en France. Je ne sais comment j'eus la force de supporter les fatigues de la traversée.

Heureusement le travail de tête ne me fatigua jamais, alors même que je pouvais à peine parler et point du tout marcher.

Je profitai de ces longs loisirs pour achever mes études littéraires, pour entreprendre les études théologiques, afin de pouvoir être prêtre. Je sais combien je suis indigne de ces redoutables fonctions. Mais, prêtre, je ferais plus de bien chez les pauvres sauvages.

Je suivrais de plus près les traces de mon bien-aimé Père de Meslat.

J'ai été ordonné l'année dernière.

Je vais repartir dans deux mois pour... pour telle mission qu'il plaira à mes supérieurs de m'assigner.

Si vous apprenez quelque jour, chers amis, que le P. Michel, l'ancien expéditionnaire, a été martyrisé par les Cochinchinois ou les Algonquins, félicitez-moi. C'est toute mon ambition.

CHAPITRE V.

LE VIEUX SAVANT.

Saturnin, jadis troisième clerc et occupant le premier pupitre de droite au corbillard de la rue Neuve-des-Petits-Champs, actuellement docteur-médecin à Saint-Anicet (Haute-Garonne), s'exprima en ces termes :

— Pendant que j'étais à l'étude avec « vous autres, » comme on dit chez nous, j'achevais mon droit, bien décidé à me faire avocat. Le barreau me paraissait une des carrières où un garçon d'esprit, fût-il pauvre et sans protection, a le plus de chances de faire son chemin.

Ma pauvreté et mon absence de protection ne faisaient pas l'objet d'un doute. Et pourtant, quand je dis pauvreté, je ne veux point dire ses pires extrémités.

J'avais eu jadis une bourse dans un collége de Paris, où j'avais fait de bonnes études. Depuis, un vieux parent me logeait et me nourrissait. Mes appointements à l'étude et quelques économies suffisaient, et au delà, à payer inscriptions et examens...

Mais tout cela n'était qu'un début. Avec cette qualité de garçon d'esprit que je me départissais si généreusement à moi-même, je ne pouvais manquer, une fois sorti de l'étude, de me distinguer parmi les jeunes aspirants à la célébrité. Je deviendrais un grand avocat; je gagnerais beaucoup d'argent. Je ferais venir ma mère à Paris, et, au lieu de cette petite maison couverte en tuiles qu'elle habite au faubourg Saint-Anicet, nous nous installerions dans un bel appartement des boulevards.

Je n'avais plus, pour finir mon droit, que mon dernier examen et ma thèse à passer.

Depuis six mois, je suivais des conférences, pour me former d'avance à l'art de la parole et préluder aux succès que je devais remporter un jour sur un théâtre plus étendu.

Je dois dire, en historien fidèle, que mon prélude n'était pas brillant.

J'en étais bien un peu humilié, et je me consolais en méditant le *Fiunt oratores*, lorsque je reçus une lettre de ma chère mère.

— Toi et moi, mon fils aimé, me disait-elle, nous sommes des ambitieux, c'est-à-dire des fous. Combien de jeunes gens n'ai-je pas connus, garçons intelligents comme mon Saturnin, mais qui ont balayé de leurs robes, pendant quinze et vingt ans, la salle des Pas-Perdus, sans gagner seulement de quoi payer leur propriétaire et leur boulanger! Tu n'arriveras à rien avec ton avocasserie. » — Il y avait là un étrange accord avec mes mécomptes des conférences, dont je m'étais pourtant bien gardé de souffler mot dans mes lettres. — « Voici un plan qui me paraît plus sage. L'exécution en est un peu longue, mais sûre. Mon frère, le meilleur médecin, le seul, à bien prendre, de Saint-Anicet, se fatigue... Encore cinq ou six ans, et il devra prendre sa retraite. «Pourquoi notre Saturnin, me dit-il souvent, n'est-il apprenti-médecin plutôt qu'apprenti-avocat? Il aurait pour rien une jolie clientèle, un état honorable et cette modeste aisance qui vaut mieux que la fortune.» Te sens-tu le courage, mon cher enfant, malgré tes vingt-deux ans sonnés, de te remettre sur les bancs, de laisser là Justinien pour Hippocrate? J'ai écrit à notre cousin de la rue Serpente. Il veut bien continuer, pendant les six ans de ta médecine, à te loger, à te nourrir, même à t'avancer l'argent nécessaire pour tes inscriptions et tes examens. Ajouterai-je que je ne sais si, à mon âge, j'aurais jamais le courage de te suivre à Paris, et qu'il me serait bien doux que toi, au contraire, tu te décidasses à venir habiter auprès de ta mère et à me fermer les yeux dans cette chère maisonnette où ils se sont, il va y avoir soixante ans à la Notre-Dame de septembre, ouverts à la lumière? »

Je n'hésitai pas. Je me mis vaillamment à la médecine.

J'étais étonné de moi-même et du goût que je prenais à des études pénibles, quelquefois répugnantes et vers lesquelles je m'étais tourné tout à coup par un effort de raison et de déférence filiale. Dieu me voulait dans cette voie; et proportionnant le fardeau à mes faibles épaules, il permettait que les racines mêmes de la science, malgré leur amertume proverbiale, semblassent douces au pauvre carabin.

Six ans après ma médecine commencée, j'étais reçu docteur. J'avais semé, c'était le temps de recueillir.

Je partis pour Saint-Anicet et je tombai dans les bras de ma mère. Ses tendres caresses, qui me reportaient aux jours si doux de ma petite enfance, sa reconnaissance pour la docilité avec laquelle j'avais suivi ses conseils, récompensaient déjà mon sacrifice, si sacrifice il y avait eu.

Mon oncle, le docteur Soulevent, longtemps la providence du gros bourg de Saint-Anicet, m'attendait avec impatience. Il me présenta à ses principaux clients.

La renommée se chargea du reste. Il fut bientôt connu, à dix lieues à la ronde, qu'un jeune médecin de la Faculté de Paris était venu remplacer son oncle, le docteur Soulevent.

Celui-ci partagea désormais ses journées entre la lecture de Voltaire, le jeu de dominos et la pêche aux écrevisses. La première de ces occupations vous dit assez que si le docteur Soulevent avait été la Providence du pays, ç'avait été une providence païenne.

C'était le chagrin de ma mère, et elle me le disait quelquefois. Ce qu'elle ne me disait jamais, c'était sa désolation de me voir, sur ce point, tout près de marcher sur les traces de mon oncle, du moins d'une indifférence égale à son hostilité. Je reconnaissais moi-même qu'il y avait quelque mauvais goût dans cet acharnement du vieux docteur; mais je me complaisais dans ma raison supérieure et le calme avec lequel je regardais toutes les vaines croyances s'agiter au-dessous de moi.

Parmi les visites que mon oncle me pria de faire tout seul, l'une de celles qui me laissa l'impression la plus vive, ce fut ma visite au bon abbé Ludolf, le curé de Saint-Anicet.

Je ferai bien, je crois, d'ouvrir ici une parenthèse, et de vous demander pardon, mes amis, si mon récit a trop de similitude avec celui de Michel.

Le fait est que mon abbé Ludolf me paraît être le frère Siamois de son Père de Meslat. Et pourtant je n'ai aucune envie, *varietatis causâ, gratiâ, atqui* ou *ergo*, de mutiler mon personnage.

Je me présentai donc chez le curé sans répugnance ni embarras. Je n'avais jamais ressenti à l'endroit des soutanes ni haine ni amour. Entre la respectueuse tendresse de ma mère pour les ministres de Dieu et l'antipathie presque hydrophobe de mon oncle, j'avais trouvé le juste-milieu, *la poco curanza*. Un prêtre était pour moi un homme comme un autre; je le jugeais sans me préoccuper de son habit, trouvant tel abbé maussade et tel curé ridicule, celui-ci homme du monde et celui-là bon vivant. Que mes jugements fussent souvent empreints d'une grande légèreté, et que ce jeune vicaire ne méritât pas plus mes éloges que ce vieux chanoine mes critiques, c'est ce que vous penserez facilement.

Toujours est-il que l'abbé Ludolf me parut appartenir à une catégorie dont je n'avais pas encore entrevu le moindre *specimen*. Je crus même longtemps qu'il composait à lui seul une catégorie tout à fait distincte et vraiment surhumaine.

Sa simplicité, sa franchise, sa rondeur étaient son premier attrait : il avait, comme on dit, « le cœur sur la main » et « point de porte de derrière. » Rien qu'à le voir et qu'à l'entendre, on se sentait à l'aise et comme entouré d'une atmosphère de vérité et de bienveillance où l'on respirait mieux.

L'abbé Ludolf avait beaucoup d'esprit; et cet esprit plein de feu, de verve, de finesse, d'éclat même, ne recelait pas le moindre dard qui déchirât même l'épiderme du dernier de ses frères. Il était d'une bonté, d'une amabilité, d'une tendresse, d'une douceur, d'un désir d'obliger qui eussent semblé excessifs, s'il ne se fût toujours arrêté aux limites que le bon goût et le tact, ce bon goût du cœur, prescrivent même à la charité. Son amour de Dieu, son désir de faire du bien aux âmes, étaient si ardents, que chez d'autres on les eût traités de fanatisme. Pourquoi même des esprits remplis de préjugés contre tout ce qui est chrétien, pourquoi des impies comme mon oncle et des indifférents comme moi excusaient-ils ce zèle du prêtre et, bien loin d'y trouver à redire, l'admiraient-ils intérieurement et lui accordaient-ils de sincères éloges? C'est apparemment que l'abbé Ludolf était un saint, un saint aimable et que Dieu destinait, comme un merveilleux appât, à attirer dans les filets de la grâce plus d'un oiseau volage.

Le fait est qu'il commença par m'attirer dans les filets de son amitié.

Son début avait été d'un diplomate bien naïf. Il m'avait, à notre première entrevue, et ne me connaissant pas encore, ouvert son cœur. Il avait joué cartes sur table avec moi.

— Mon cher monsieur, m'avait-il dit, je ne veux ni vous ennuyer ni vous faire un sermon. Mais vous ne vous étonnerez pas que je vous parle en prêtre, et qu'au moment de nouer avec vous des liens de sympathie qui prendront bientôt, je l'espère, un nom plus doux, je vous dise franchement ce qui fait ma grande préoccupation.

Nous sommes destinés, mon cher docteur, à nous

rencontrer souvent sur le même terrain. Médecins tous deux, vous du corps, moi de l'âme, nous ne ferons rien de bien si nous sommes ennemis. Alliés, au contraire, amis bientôt, nous pouvons, à nous deux, être les bienfaiteurs de toute la contrée.

Même au point de vue hygiénique, vous m'accorderez que la religion est une force qui mérite de ne pas être méprisée. Que de maladies procèdent de la colère, de l'intempérance, de l'envie, de l'indolence, de l'impureté, de ces vices que nous appelons des péchés et que la religion seule a jusqu'ici trouvé le moyen de combattre efficacement ! D'un autre côté, et surtout parmi ces pauvres gens de la campagne qui vont composer la majeure partie de votre clientèle, que de chagrins dont la religion est la seule consolatrice ! Que d'humbles vertus que seule elle peut inspirer ! Quelle paix et quel contentement dans les familles et dans les cités où elle est maîtresse ! Quels murmures, quelles tempêtes, là où elle est inconnue ! — Sans donc me préoccuper des classes supérieures, je dis, et vous ne sauriez le contester, que la religion est la seule richesse du peuple. Ne la lui enlevez pas, je vous en prie !

Votre oncle, qui a d'ailleurs tant de belles qualités, et qui, j'espère, avant de mourir, voudra les rattacher à leur vrai principe, votre oncle a eu un grand tort : c'est de laisser paraître, c'est d'afficher son incrédulité... Le mal qu'il a fait, est incalculable... d'autant plus profond qu'il le faisait sans intention de le faire, et que son admirable dévouement à soulager les misères physiques lui obtenait plus de crédit auprès du pauvre monde.

Craignez, mon cher monsieur, d'abuser de cette puissance du médecin. Craignez, tout en guérissant les corps, de blesser, de tuer quelquefois les âmes. Les rapides, les effroyables progrès de la gangrène ne sont rien, comparés aux ravages qu'ont souvent accomplis dans les esprits et dans les cœurs un mot, un geste, un sourire; moins que cela, un silence, surtout si celui qui parle ou qui sourit ou qui lève les épaules ou qui se tait d'un air significatif, s'il est à la fois docte et bon, comme je ne doute pas que vous soyez.

Donc, mon cher enfant, — en disant ce mot il me tendit la main et me demanda pardon; il y avait dans son regard, dans le ton de sa voix, quelque chose de si ému et de si paternel, que je lui serrai la main avec respect, et l'assurai qu'il ne m'avait pas blessé, bien au contraire, par cette tendre et familière appellation, — donc, mon cher enfant, promettez-moi que vous ne chercherez pas à entraver mon ministère.... Nous ferons ainsi un peu de bien, chacun dans notre chemin... et Dieu nous bénira, en permettant qu'un jour ces chemins n'en fassent qu'un.

Je le lui promis.»

Puis, il se trouva que, de tout Saint-Anicet, l'abbé Ludolf était incomparablement le plus aimable, le plus instruit, celui dont la conversation et la société offraient le plus de charme. Tout naturellement je me liai avec lui. Deux mois après mon arrivée, nous étions amis comme les deux doigts de la main. Je vous laisse à penser si ma mère était heureuse....

Quand cette intimité fut chose bien établie, un jour que nous étions assis dans le jardin du presbytère, à l'ombre d'un vieux figuier, l'abbé prit un ton sérieux.

— Mon ami, me dit-il, j'ai un vrai service à vous demander.

Avez-vous quelquefois été aux Sept-Chênes, cette belle propriété située à mi-côte sur la colline qui descend de Sainte-Anne à Saint-Galmier, et connaissez-vous le propriétaire actuel des Sept-Chênes, le vieux M. Tapin ? »

Je connaissais les Sept-Chênes, mais point M. Tapin, même de nom.

Le curé reprit :

— C'est un étrange personnage que ce Tapin, un savant de premier ordre. Il estime que ce qui fait la pauvreté de plusieurs de nos docteurs, c'est le morcellement de la science ; et, en cela, je ne trouve point qu'il ait tort. Donc, comme il a un esprit d'une compréhension vaste et d'une rare pénétration, comme il est aussi habile à saisir les moindres détails qu'à embrasser une vue d'ensemble, il s'est mis à étudier de front presque tous les objets des connaissances humaines. Sciences mathématiques, physiques, naturelles, et ces sciences récentes dont le nom est à peine connu du vulgaire : anthropologie, ethnographie, il a tout exploré avec passion et en même temps avec patience. Ni l'histoire, ni l'économie sociale, ni les langues mortes, ni les langues vivantes, ni la philosophie, ni la littérature proprement dite, ni les arts—leurs principes du moins et leur esprit— ne lui sont demeurés inconnus.

Si Dieu n'existait pas et que l'homme n'eût point d'âme, le vieux M. Tapin serait à coup sûr l'un des savants les plus recommandables qui se puissent rencontrer. Car il n'a demandé à la science ni l'argent ni les dignités, ni même la gloire. Il n'a pas d'ambition, et la jolie fortune qu'il a héritée de ses parents suffit amplement à ses goûts modestes, à sa vie sobre et chaste. Il est obligeant et même charitable. Sur divers points d'une importance extrême, il a fait faire à la science des progrès qui tournent au soulagement de l'humanité. Il vit seul aux Sept-Chênes; non par misanthropie, mais pour être tout entier à l'étude et la méditation. Si jamais cette science à laquelle il s'est marié, dit-il, le fatigue, il se délasse en cultivant quelques fleurs.

Voilà le beau de mon homme. Voici maintenant le revers de la médaille.

Dans la nature, dont il a sondé les plus profonds mystères, le regard du savant n'a pas su découvrir ce qu'y voit d'abord l'œil pur de l'enfant : Dieu. Dans les merveilles de l'intelligence humaine, dans les créations du génie humain, étudiées, approfondies sous toutes leurs formes, dans ce qui proclame si éloquemment cette flamme intérieure, ce souffle d'en haut, l'âme, le pauvre savant n'a vu que des combinaisons de la matière.

Athée, matérialiste, ai-je besoin de dire que M. Tapin considère le monde surnaturel comme une pitoyable fantasmagorie, la religion comme un épouvantail bon tout au plus pour les niais, Jésus comme un grand homme, les saints comme d'autres grands hommes quelquefois, plus souvent des intrigants, les prêtres comme des fourbes ou des dupes.

Tout cela ne le garantit pas de la mort, ni de la maladie, son avant-courrière. Même j'apprends, par ma police, qu'il est souffrant depuis quelques jours et alité depuis ce matin.

Ma prière est donc celle-ci : que vous m'aidiez à approcher de cette âme en péril, que vous soyez mon précurseur...

Pauvre grand homme ! Il est dans un état psychologique vraiment étrange et digne de pitié : il a cette sorte de demi-bonne foi du vieillard qui a toujours vécu avec des idées, des utopies, idées d'autant plus dangereuses que, partant d'un fond vrai, en partie du moins, elles ont abouti aux plus folles conclusions.... On ne peut pas dire précisément qu'il en veuille à la vérité.... Seulement, il ne la voit point, grâce au nuage d'orgueil très-subtil qui s'est interposé entre cette vérité et lui.... Je trouve tout simple qu'il n'adore pas Dieu. Il s'adore lui-même. »

BIBLIOTHÈQUE ... IMPR.

Le lendemain de ce discours, M. Tapin, sérieusement malade, m'envoyait chercher.

Je ne sais comment, après une demi-heure, — car il ne me lâcha pas, malgré mon désir de partir aussitôt ma consultation donnée ; il était de ceux qui étudient aussi volontiers les hommes que les choses, ne les quittent les uns comme les autres qu'après les avoir pressés jusqu'à l'écorce, — donc, au bout d'une demi-heure, il me connaissait à fond, par conséquent, ce qui faisait, depuis six mois, tout l'intérêt de ma vie, mon amitié enthousiaste pour le curé.

— Il faut avouer, dit-il avec dépit, que je n'ai pas de chance. Quand je suis venu me fixer ici, il y a six ans, une des principales considérations qui m'ont attiré, c'est que je savais le médecin un voltairien et le curé une nullité. Et voici que, pour me jouer pièce, au moment où j'ai, pour la première fois, besoin du docteur, ce voltairien est changé en un jésuite de robe courte, et cet imbécile de curé en un homme charmant ! »

Je ne pus m'empêcher de sourire.

— Et ce qu'il y a de pis, ajoutai-je, brisant la glace du premier coup, c'est que cet homme charmant n'a qu'un désir, celui de vous être présenté.

— Oui-dà... pour m'empêcher de mourir en paix. Dites-lui qu'il ne se dérange pas. Je connais ses pareils.

— D'honneur, repris-je, monsieur Tapin, pour un homme de votre force, vous m'étonnez. Vous avez donc bien peur du christianisme, que vous refusez de l'entendre, que dis-je? de le voir de près, personnifié par un bon prêtre? Quel mal cela peut-il vous faire, d'avoir une demi-heure d'entretien avec l'abbé Ludolf? Vous craignez sans doute qu'il ne vous mette d'emblée « au pied du mur! » Décidément, vous êtes plus près de la vérité que je ne pensais, puisque vous craignez tant son approche... »

L'entretien en resta là... M. Tapin était pensif.

Le lendemain, quand j'arrivai pour ma visite,

— Vous aviez raison hier, docteur, me dit-il. Je n'ai aucun parti pris contre ce que vous appelez la vérité, contre ce que j'appelle, moi, l'illusion. Et comme j'ai, au contraire, une grande tendresse pour les hommes de cœur, je verrai votre curé avec plaisir. »

Ah! si la plupart de ceux qui se croient, qui se disent incrédules, avaient au moins ce courage et cette bonne foi de ne pas éloigner d'eux systématiquement les hérauts de la bonne nouvelle, que de conversions viendraient nous réjouir! Mais le diable sait bien ce qu'il fait, et que le plus sûr pour fermer la porte du cœur, c'est encore de fermer la porte de la maison.

Quant à l'abbé Ludolf, on pouvait dire qu'une fois la porte matérielle entr'ouverte seulement, l'autre ne tarderait pas à tomber.

. . . .

Ce que j'avais éprouvé en présence de cette âme de feu, le vieux savant l'éprouva aussi. Quand il eut vu, de près et par un exemple vivant, ce que c'était que le christianisme, comme, après tout, ce bon M. Tapin avait un cœur droit et une intelligence très-perspicace, il comprit que la plénitude du repos et de la lumière n'était pas ailleurs. Il eut de l'un et de l'autre une soif que je ne saurais dire.

L'orgueil, le respect humain, une mauvaise honte le retinrent longtemps. Il était affectueux, tendre, expansif avec l'abbé, lequel, sagement, ne le pressait point. Mais il y avait une chose que le vieux savant avait envie de dire au jeune prêtre et qui ne pouvait sortir de ses lèvres si longtemps scellées. Sa conscience, qu'il avait toujours écoutée en toutes choses,—excepté dans les matières religieuses; il me l'a, depuis, avoué lui-même, — sa conscience le conjurait d'en finir. Son cœur lui disait combien il lui serait doux, au lieu de mourir dans son obstinée solitude, de s'appuyer sur le cœur compatissant de l'abbé... et il n'osait pas.

Un jour il se décida à me demander conseil. Et comme j'appuyais dans le sens de sa conscience et de son cœur,

— Mais vous, jeune homme, me dit-il, vous qui parlez d'or, il me semble que votre christianisme est terriblement spéculatif! »

Il y avait longtemps que j'entendais je ne sais quelle voix murmurer la même objection à mon oreille, et que, pour imposer silence à cette voix importune, je me disais : Moi aussi, je veux faire une fin. Si j'amène le vieux Tapin à composition, moi aussi je me rendrai. L'abbé Ludolf aura pris deux poissons dans sa nasse : après le gros, le petit.»

Je compris que c'était au petit à se rendre le premier...

— J'en étais sûr, me dit en souriant l'abbé, après le : *Vade in pace, ora pro me.* Et croyez-vous que ce soit seulement pour le bien du vieux savant que je vous ai envoyé en éclaireur devant moi ? Je savais par une longue expérience qu'il vous serait impossible de lui faire un peu de bien sans vous en faire beaucoup à vous-même. Vous avez été récompensé encore plus tôt que je ne pensais. Et Dieu vous bénira, parce que vous n'avez pas marchandé votre soumission, et qu'elle m'est une garantie de celle de notre ami. »

Le lendemain, en effet, je dis à M. Tapin que j'étais en règle ; je le remerciai d'avoir, par un argument *ad hominem*, beaucoup contribué à me décider.

Il était décidé.

— Je veux mourir chrétien, dit-il... Et je crus en effet qu'il ne tarderait pas à mourir. Il était beaucoup plus mal, — assez mal pour que, l'absolution reçue, on le fît communier en viatique.

Pourtant, après les derniers sacrements, il sembla reprendre ses forces. Il nous parla longuement.

Deux sentiments dominaient son discours : la reconnaissance, la douleur d'avoir si tard connu la vérité.

— Hélas! disait-il, j'ai perdu ma vie. J'aurais pu faire tourner à la diffusion du bien les vastes connaissances que le Ciel m'a données. J'en ai fait un auxiliaire à la propagation du mal. Ah! si Dieu m'accordait encore quelques années, quelle réparation! quelle joie dans cette réparation, dût-elle être accompagnée des plus cruelles douleurs! »

Ce vœu méritait d'être exaucé.

M. Tapin se rétablit et vécut encore deux ans.

Ce furent les plus belles années de ma vie.

Le vieux savant, l'abbé Ludolf et moi, nous formions un trio d'amis dont Dieu était le lien.

Tantôt nous nous réunissions au presbytère, qui est situé tout proche de l'église, sur une petite éminence d'où la vue embrasse un charmant horizon de bois et de prairies; — tantôt chez moi, dans cette maisonnette assise juste au pied du monticule où trônent modestement l'église et le presbytère, comme si j'eusse voulu abriter ma vie sous l'aile de Dieu, sous celle aussi de son digne ministre. — Tantôt, l'abbé et moi, nous traversions les prairies, puis le bois de sapins, et nous gravissions la colline de Sainte-Anne pour monter aux Sept-Chênes. Là, nous avions l'un des plus beaux spectacles qu'il soit donné à l'homme de contempler : une vieillesse docte, souriante et chrétienne, le couronnement pieux d'une vie honnête.

Puis, hélas! notre ami mourut.

De sa fortune, il fit deux parts : l'une au curé pour ses pauvres ; l'autre à moi, pour faciliter mon établissement.

Je me mariai donc. Je trouvai, — moins en cherchant beaucoup qu'en la demandant à Dieu avec ferveur, — une femme douce, simple, intelligente et pieuse. J'ai quatre enfants... sans compter l'avenir. Mon état est pénible, mais point au-dessus de mes forces ; je l'aime, d'ailleurs. J'y fais un peu de bien. J'entoure de tendres soins les derniers jours de ma chère mère. Ma femme et mes enfants font surabonder mon cœur de douceurs inexprimables... *L'aurea mediocritas* est bien mon sort... Je suis trop heureux !

CHAPITRE VI.

ORESTE.

— C'est sans doute pour jeter un intérêt de plus dans nos récits, dit Oreste, et pour varier quelque peu cette histoire de conversion, déjà quatre fois répétée, que Dieu a voulu que Pylade et moi nous fussions chrétiens dès l'étude... non pas chrétiens parfaits, tant s'en faut, du moins en ce qui me touche. J'étais même si loin de la perfection qu'il ne fallut pas sans doute un moindre effort de la grâce divine pour m'empêcher de me pervertir que pour ramener à la foi le plus impie d'entre vous.

Vous savez que j'appartiens à une ancienne famille de Normandie, et que j'étais héritier d'une des plus grandes fortunes du pays... « Tu ne feras rien ! » cela m'avait été répété sur tous les tons, dès ma tendre enfance; et je croyais me sentir toutes sortes de dispositions pour ce bel état de « vivant de son bien. »

Pourtant j'allai au collége, où je fus un assez pauvre écolier; je passai mon baccalauréat comme un autre. Même on me fit faire mon droit : pour plusieurs, il est vrai, c'est une autre manière de ne rien faire.

A l'Ecole de droit, je me liai avec Pylade d'une tendre amitié. Ce fut en partie pour ne le point quitter, puis pour avoir un prétexte honnête de prolonger mon séjour à Paris, que je me décidai, une fois licencié en droit, à entrer, pour une couple d'années, chez M. Troisvaux. Pylade, qui allait courir la carrière du conseil d'Etat et des préfectures, avait dû tâter de la basoche. J'alléguai que, pour me mettre en garde contre les rusés paysans normands, mes futurs voisins, deux ans de cléricature ne me seraient pas inutiles.

En 1843, deux ou trois ans après l'époque où j'étais avec vous attelé au corbillard de la rue Neuve-des-Petits-Champs, mes parents, ne voyant plus aucun prétexte à ce qu'ils appelaient mon exil, me rappelèrent en Normandie, où ils habitaient presque toute l'année.

C'est un pays délicieux que Roqueville et ses environs.

Le château qui rappelle, par ses proportions hardies et son aspect romantique, Windsor, Clisson, Carisbrook, est assis au milieu d'un beau parc, qui ressemble plutôt à un bois, tant les allées sont nombreuses, les taillis épais, tant est verte et semble vierge de tout pas humain l'herbe fleurie qui tapisse les sentiers, tant on entend gazouiller d'oiseaux dans la saison des nids, si tranquilles se promènent les cerfs et les daims à travers les clairières, si joyeux se balancent les écureuils au faîte des noisetiers, en même temps que, « parmi le thym et la rosée, » Jean Lapin, se croyant chez lui, fait paisiblement sa toilette ! Il y a là des avenues d'ormes et de tilleuls qu'ont certainement parcourues les grandes dames de la cour de Louis XIV ; il y a au fond de la garenne, et derrière un sauvage entassement de roches moussues, il y a une fontaine dont les chaleurs de la canicule n'ont jamais tari ni même ralenti le copieux jaillissement. Des plantes grimpantes de toute espèce, jetées là par la main de la nature, — car jamais architecte de jardins n'a touché ce coin sacré, — s'accrochent aux beaux hêtres et aux frênes charmants qui abritent cette source des rayons du soleil. Le martin-pêcheur y vient boire en paix. Sa robe d'azur, ces lianes verdoyantes, cette fraîcheur, tandis qu'au dehors tout est chaleur torride, font croire facilement qu'on est, non point en Normandie, mais auprès d'une de ces sources du Nouveau-Monde ou des îles lointaines qu'ont chantées Bernardin et Châteaubriand.

Si vous sortez du parc, qui a plus d'une lieue de tour, des sentiers pleins de gazon et de boutons d'or, serpentant à travers un épais bois de mélèzes, vous conduisent en moins d'un quart d'heure sur un des plus beaux points du pays, le Pic-Noir.

C'est un petit mamelon qui fait cap dans la mer. Que l'on regarde devant soi, à gauche, à droite, presque par derrière, on est comme encerclé par « l'éblouissant azur des flots. » On les voit tantôt battre la falaise qui étend au loin ses blanches murailles marbrées de jaune, tantôt caresser mollement le sable de la plage ; car en cet endroit se creuse une large vallée où circule un beau ruisseau d'argent, et qui se termine à la mer par un harmonieux demi-cintre tout couvert d'une arène fine et perlée.

Je n'en finirais pas si je voulais vous décrire toutes ces magnificences.

Ceux qui venaient pour la première fois au château de Roqueville, quand ils s'étaient promenés dans le parc, qu'ils avaient monté le bois de mélèzes et que, du haut du Pic-Noir, ils avaient regardé la mer et la vallée, ne trouvaient pas de paroles pour dire leur émerveillement : — « Quel paradis ! s'écriaient-ils, et quel doit être le bonheur de ceux qui l'habitent !... Assurément, on ne doit jamais avoir ici un moment d'ennui ! »

Quand c'était à moi que ce discours s'adressait, je m'efforçais de répondre avec entrain et de dire qu'en effet l'Eden se retrouvait à Roqueville.

Le fait est que je m'y ennuyais à périr !

Je n'osais retourner à Paris, lorsque, hélas ! une pleine liberté d'action me fut rendue..... Mon père mourut.

Je le pleurai sincèrement. Mais au bout de quinze jours, comme j'étais bien plus que majeur, que j'avais la disposition d'une fortune de plus de deux cent mille livres de rente en biens-fonds, que d'ailleurs quelques affaires nécessitaient, ou du moins expliquaient ma présence à Paris, je partis, me promettant bien de ne revenir visiter Roqueville que le moins possible.

L'ennui est comme le remords. Celui qui en a la racine en lui-même a beau chercher à le fuir, il l'emporte avec soi et le retrouve partout..... La racine de l'ennui n'est autre que l'oisiveté.

C'est une variété intéressante des gens ennuyés, et qui n'a point été, ce me semble, assez étudiée, que celle d'un jeune homme de vingt à vingt-cinq ans, n'ayant ni profession, ni occupation, ni goût quelconque qui puisse lui en tenir lieu, s'ennuyant par conséquent « à bouche que veux-tu? ». Naturellement, il voudrait s'amuser, mais en demeurant honnête, c'est-à-dire, il le sent bien, chrétien.

J'étais ce jeune homme. Hélas! je courais risque de ne pas l'être longtemps. Le christianisme est une cuirasse et en même temps une épée. Si vous ne vous servez pas de celle-ci pour combattre, de celle-là pour parer les coups de l'ennemi, toutes deux ne tarderont pas à vous sembler pesantes et inutiles, et vous les rejetterez loin de vous avec dédain.

Le peu que j'avais conservé de mes pratiques religieuses me gênait et me fatiguait au delà de toute expression. Je ne jouissais même pas des plaisirs permis; ils me semblaient fades, et ils l'étaient en effet; il leur manquait l'assaisonnement d'une conscience tranquille et d'un cœur vraiment chrétien. Je rêvais d'autres plaisirs; mais je n'osais m'y livrer. Dieu merci! malgré la mollesse de ma vie, j'avais une foi profonde. Je sentais qu'en rompant avec elle, en me jetant résolûment dans le mal, je serais plus malheureux encore.

Pourtant cette espèce de neutralité ne pouvait durer, et j'aurais succombé. Dieu, me trouvant tiède, m'eût vomi de sa bouche; je serais devenu pire que beaucoup d'autres, parce qu'avec ma conscience délicate, je n'aurais jamais pu l'endormir, et qu'il m'aurait fallu, pour la tuer, entasser iniquités sur iniquités.

1848 me sauva.

Dans les premiers jours de mars, j'étais retourné à Roqueville. Paris me faisait peur; je n'étais pas fâché non plus de voir en quelles dispositions cette révolution inattendue trouvait ou mettait les paysans de mon canton.

Ces dispositions étaient vraiment étranges.

On peut discuter sur le plus ou moins de portée des idées républicaines : chez quelques-uns, je le sais, — j'entends quelques-uns des chefs soit par la pensée, soit par l'action, — ces idées se résolvaient en une réforme purement politique; chez d'autres, en un remaniement radical de la société.

Le paysan, que la question de la forme gouvernementale touche fort peu, ne voyait d'autre résultat pratique et désirable au soulèvement parisien de février, qu'un communisme plus ou moins déguisé. Et ce n'était pas seulement un résultat; c'était une compensation. Car la stagnation des affaires qui suivit les journées de 48 commença par porter aux cultivateurs, petits fermiers, etc., un sérieux préjudice. Pourtant, endoctrinés par les journaux, les brochures et quelques beaux parleurs de village, plusieurs crurent sérieusement et de la meilleure foi du monde, que tout cela n'était que l'aurore..... un peu pâle, de ce radieux soleil qui devait éclairer une plus équitable répartition des biens de ce monde.

Le petit fermier ne se disposa pas, bien entendu, à livrer aux prolétaires, ses domestiques, les neuf-dixièmes de son modeste revenu. Mais il calcula qu'en dépeçant l'immense domaine situé dans sa commune, Roqueville, par exemple, il décuplerait sa fortune et pourrait aller de pair avec les plus riches bourgeois de la sous-préfecture.....

Mais encore, — et c'est ce qui faisait chez moi la complication et l'étrangeté de la situation, — il y avait des lieux où *le seigneur*, n'ayant jamais semé que des bienfaits autour de lui, était personnellement et traditionnellement chéri de tous; et, dans ces lieux, il y avait des hommes qui se croyaient honnêtes et qui pourtant étaient dénués de principes au point d'offrir le plus curieux mélange d'avidité et de confiance envers ceux qu'ils prétendaient dépouiller. Peu s'en fallut que quelques-uns de ces bons larrons ne vinssent me trouver pour me prier de leur faire la part belle dans la prochaine division du parc et des terres, et des prés, et des bois qui lui formaient une si large ceinture.

Du reste, aucune tentative violente n'était faite ni même projetée pour hâter le moment de ce partage, lequel devait venir tout seul et ne pouvait beaucoup tarder. Nul n'eût voulu être le premier à dévaliser l'héritier d'une famille qui, de mémoire d'homme, n'avait fait que du bien autour d'elle, l'avait même fait avec plus de continuité que pas une autre.

A aucune époque les Roqueville ne furent des gentilshommes de cour. C'est à peine s'ils eurent accidentellement un pied-à-terre à Versailles ou à Paris. Tout le temps qu'ils n'employaient pas à servir le pays par leur épée, ils l'employaient dans leurs terres à donner autour d'eux l'exemple de l'activité, du travail, d'une vie sobre et pure, des plus belles vertus de famille; sans compter que, dans les cinq communes qui touchaient leurs propriétés, il n'y avait pas un homme valide auquel ils n'offrissent un travail bien payé, pas un malade, un vieillard qui ne trouvât au château, ou plutôt à qui le château ne portât, par les mains de la châtelaine ou de l'une de ses filles, les plus abondants soulagements et la plus tendre sympathie, ce baume qui soulage et guérit plus de maux que toute la boutique d'un pharmacien.

Les mauvais desseins que les hommes pervers et corrompus agitent dans leur cœur et qu'ils tentent de mettre à exécution, sont une des conditions ordinaires de la faiblesse et de la perversité humaine. — Ce qui est le propre des révolutions, ce qui devrait faire exécrer à jamais cette avant-garde et ce cortége des révolutions : l'affaiblissement des croyances religieuses, la néfaste efflorescence des plus folles utopies, c'est de voir jusqu'où s'étend alors la contagion du mal.....

De même que, quand il règne en un canton quelque mortelle épidémie, la peste ou le choléra, après avoir attaqué les organisations maladives, délicates ou épuisées, le fléau s'en prend aux tempéraments les plus vigoureux ; ainsi ces théories décevantes font pour premières dupes les gens sans aveu, les fainéants, les hommes ruinés par l'inconduite ou les coupables spéculations, toutes ces santés morales plus ou moins avariées. Bientôt ceux qui se portent mieux, d'honnêtes cultivateurs, mais qui, tout en respectant le bien d'autrui, avaient oublié le dixième commandement et laissaient dans leur cœur une petite place pour l'envie, des gens laborieux, mais laborieux par nécessité, et qui préféreraient l'inaction au travail, des gens vertueux mais à qui la vertu pèse, des fils de famille qui estiment que leur père, depuis qu'il a dépassé soixante-quinze ans, détient injustement leur héritage, beaucoup de citoyens qui, dans un temps ordinaire, eussent vécu paisibles et honorés et fussent morts sans connaître cette ambition que l'exemple du voisin et l'air chargé d'électricité développait tout à coup en eux..... telles sont les victimes les plus à plaindre dans le temps de révolution..... Voir emportées par le vertige révolutionnaire ces intelligences solides, au moins en apparence, voir infectés par le virus révolutionnaire ces braves cœurs, c'est là une véritable douleur.

Ici, comme toujours, le vrai garde-fou, la vraie boussole, l'infaillible préservatif, c'est la foi; mais la foi profonde et pratique.....

Tout ce long préambule est pour vous dire que ces mêmes paysans, dont les trois quarts eussent accepté sans vergogne la mesure législative qui leur eût partagé mon domaine, me poussèrent vigoureusement à rechercher la députation, dès qu'il s'agit de nommer des représentants à la Constituante.

Ils m'aimaient vraiment..... ou plutôt ils aimaient en moi, qu'ils ne connaissaient guère, mon père, ma mère, pendant un demi-siècle les bienfaiteurs du pays. Ils aimaient la mémoire de mes ancêtres. L'amour-propre des Roquevillains aussi était flatté à l'idée qu'ils donneraient, — bien que l'une des plus petites paroisses du département, — un des huit représentants auxquels notre Calvados avait été tarifé.

De mon côté, malgré ma nonchalance, je n'étais pas indifférent aux périls de la société. L'idée que je pourrais, en les combattant pour ma petite part, sortir enfin de ma vie inutile, voir diminuer en même temps l'intensité de l'ennui, qui était devenu mon compagnon et mon ennemi de chaque jour, cette idée, avec un petit grain d'ambition, fit que je me laissai porter.

Ce qui acheva de me décider, ce fut le discours d'un vieux paysan, Gilles-le-Cuirassier, comme on l'appelait.

Cet homme était un type.

En 93, il avait caché dans sa cave, au péril de ses jours, quelques précieuses reliques que l'impiété révolutionnaire se préparait à profaner. Il avait, avec ses économies et celles de quelques parents, acheté une grande partie des terres de Roqueville, devenues domaine national, pour les rendre à mon grand-père, aussitôt son retour de l'émigration. Il n'avait accepté d'autre récompense que de suivre mon père dans les guerres de l'Empire. Plusieurs fois il lui sauva la vie. Pendant la retraite de Russie, mon père eut un pied gelé, et ne put, par suite, se tenir tout seul sur son cheval. Gilles le prit d'abord sur le sien, puis, quand l'animal eut succombé au froid, pendant plus de trois cents lieues et pendant près d'un mois, Gilles porta son colonel sur son dos.

Revenu au village, il reprit son ancien métier de forgeron, pour lequel sa taille herculéenne et sa force peu commune le rendaient singulièrement apte. Il se maria et fit souche d'honnête race. En 48, ses quatre fils et ses quatre filles lui faisaient une merveilleuse couronne.

Il m'avait vu naître et avait conservé avec moi une

liberté de langage dont la franchise ne dégénérait jamais en familiarité.

— Monsieur le comte, me dit-il un jour qu'il vint me trouver à la tête d'une députation composée de la crème du pays, les vrais honnêtes gens ceux-là, les *purs*, ceux que n'avait atteints aucune contagion du mal; — monsieur le comte, me dit-il, votre digne père non plus que vos ancêtres, n'a jamais *boudé* devant l'ennemi. L'ennemi est à Paris; il faut que vous y alliez. Quand je vois de braves gens comme Robert le sonneur et Gervais le sabotier, parler ouvertement du dépècement de votre parc et du partage de vos terres, je me dis qu'il faut que le pays soit bien malade. Allez donc où est le siége du mal. M'est avis que plus d'un de ces médecins qu'on envoie au Palais-Bourbon se laissera tenter aux 25 francs par jour. Ce n'est pas cela qui peut être un appât pour M. le comte de Roqueville. Vous êtes un représentant comme il nous en faut.

Et puis, quand le torrent débordé aura retrouvé son lit, croyez-moi, revenez parmi nous. Ce sera votre bien et le nôtre. Il vous suffira de paraître pour faire rentrer dans l'ombre ce *magister* impie, ce petit avocat bilieux, ce marchand enrichi par la vente à faux poids, cet usurier qui, non content de nous ruiner, veut encore nous conduire. Depuis quand ces oiseaux de malheur sont-ils venus fondre sur le pays? Depuis que la mort nous a pris votre brave homme de père, et que, en vous fixant à Paris, vous avez laissé la place libre.

Restez ici. Chacun sait bien que vous n'aurez aucun intérêt à ce que vous ferez ou direz de bien, sinon notre bien à nous; et ce n'est pas précisément le cas des autres. En procurant de l'ouvrage à tous ceux qui en manquent autour de vous, vous empêcherez la dépopulation de nos campagnes, un mal qu'on ne connaissait pas aux alentours de Roqueville il y a seulement dix ans, et qui maintenant marche grand train. En nous donnant l'exemple que nous ont toujours donné tous les vôtres, en vous mariant, vous combattrez l'immoralité qui nous envahit aussi, surtout depuis la mort de défunte votre sainte mère.

Souvenez-vous de ce que disait mon colonel : que les petits ne subissaient si souvent l'influence des méchants que grâce à l'inertie des bons.

Je fus représentant.

Je remplis consciencieusement mon mandat, sans éclat, bien entendu, mais en honnête homme.

Aux journées de Juin, je fus de ceux qui allèrent, du bon côté des barricades, remonter le moral des gardes nationaux. Je vis de près ce que fût devenue la révolution si on l'eût laissé faire, et si, de bonne heure et à temps, en devenant tigre, le lion populaire ne se fût fait museler.

Puis je rentrai à Roqueville, où je suivis tout tranquillement et sans chercher d'autre initiateur, le programme de Gilles-le-Cuirassier.

Je ne dirai pas que tout soit allé sur roulettes. Mais

pourtant je ne manquai ni d'encouragements, ni d'auxiliaires, ni de quelques succès. Les petites ambitions, dont je contrecarrais les vues par ma seule présence, me firent une rude guerre : elles y perdirent plus que moi ; elles en sortirent percées à jour.

Je ne suis pas de ceux qui voient tout en beau. Je veux encore moins être de ceux qui voient tout en laid. Dire que le paysan est partout envieux du gentilhomme ; que, s'il accepte ses bienfaits, c'est à condition de mordre la main qui le soulage ; qu'alors même qu'il ne peut dépouiller ou égorger son bienfaiteur, il lui veut toujours du mal, lui en fait tant qu'il peut et ne reconnaît jamais chez lui d'autre mobile que l'ostentation, la vanité, peut-être l'intérêt,— je dis que c'est calomnier l'espèce humaine, à force de prétendre la connaître.

Je dis surtout que, si c'est là trop souvent la vérité, il faut, avant de s'en plaindre trop amèrement, considérer pourquoi c'est la vérité, et si tout le tort est ici du côté du paysan.

Sans doute, parmi les gros propriétaires, parmi les possesseurs de châteaux, qu'ils soient de la noblesse de race ou de celle d'argent, — plus souvent peut-être parmi ces derniers,— il y a des cœurs secs, des esprits étroits que n'a jamais visités la vraie commisération, le désir sincère de faire du bien autour de soi. Ceux-là n'agissent, en effet, que par de misérables motifs : acheter leur propre sécurité moyennant quelques bienfaits répandus d'une main parcimonieuse ; jeter de la poudre aux yeux du public, éclipser par un éclat plus grand l'éclat d'un voisin, faire crever de jalousie les propriétaires du château d'à côté; se donner quelques titres apparents à des distinctions frivoles : le conseil général, la députation, la croix... Tous ces faux hommes de bien, qui n'ont jamais semé l'amour, comment voudraient-ils le récolter ?

D'autres sont bons, mais ne savent pas le paraître. Ils veulent le bien et ils le font, mais d'une manière si maussade, ou avec un parti pris si arrêté de rencontrer l'ingratitude, qu'ils la provoquent presque. Ils ont dans la conversation, dans le regard, une résignation si aigre à soulager le prochain, seulement pour obéir à Dieu et à leur conscience; ils disent si haut qu'à notre triste époque le gentilhomme n'a affaire qu'à des âmes viles et indignes par elles-mêmes qu'on se dépense pour elles; ils oublient si complétement ce beau et touchant proverbe : *Hilarem datorem diligit Dominus*, que, d'une part, des bienfaits partant d'une source aussi troublée ne savent pas porter la paix avec eux, ce qui est pourtant le propre de la vraie et pleine charité; et que parmi leurs obligés, ceux qui seraient déjà chrétiens sont tentés d'imiter leur bienfaiteur : « Tu ne m'obliges que par devoir et « pour l'amour de Dieu. » Moi aussi, je m'en tiendrai à la ligne stricte du devoir. Ma reconnaissance montera tout droit jusqu'à Dieu sans passer par toi, sans t'apporter ce tribut d'un cœur aimant que tu sembles dédaigner, tant tu le proclames impossible. »

Au lieu d'un égoïste ou d'un esprit chagrin, prenez un cœur vraiment dévoué ; revêtez-le de formes vraiment aimables, et je vous assure que, fût-ce le cœur d'un gentilhomme ou d'un banquier millionnaire, il gagnera des cœurs autour de soi et ne devra pas borner son ambition « à faire des ingrats. »

Mais ce qui me manque le plus, ce sont encore des auxiliaires. Pylade m'aide quelquefois de son expérience des hommes et des œuvres, qu'il a si bien condensée dans ses charmants petits volumes presque aussi attrayants que des mauvais livres. Mais il me faudrait un médecin comme Saturnin et un curé comme Michel !

Est-ce qu'en me remuant beaucoup, je ne pourrais pas vous obtenir? Vous auriez, dans tout le canton, ample matière à votre zèle, je vous assure. Puis, comme j'ai conservé des amis haut placés au ministère de la guerre et à la chancellerie, j'ai bien envie de faire envoyer Alcide en garnison à Longueville, notre sous-préfecture; il remplacerait avantageusement ce misérable colonel qui, parce qu'il est « un lion dans les combats, » se croit permis d'être, dans la vie civile, un triste échantillon du troupeau d'Epicure. Et Fabien, est-ce qu'il ne consentirait pas, pour travailler de concert avec moi, à la régénération de tout un pays, à quitter le ressort de Paris et à accepter la présidence de notre tribunal, que je sais de bonne source devoir être prochainement vacante?

— Ce serait un joli rêve, répondit Michel, pour nous tous. Mais considérez, Oreste, que ce serait un rêve égoïste. *Messis multa, operarii autem pauci*; c'est plus que jamais le cas de répéter cette parole du Maître. N'accumulons donc pas les travailleurs sur un seul point. Répartissons-les à de grandes distances, ou plutôt soumettons-nous à cette répartition que la Providence sait bien faire pour nous. Sans doute, il serait doux de travailler ensemble. Mais ce n'est pas pour leur plaisir que les moissonneurs descendent dans un champ, sous le brûlant soleil d'août. C'est pour accomplir leur tâche; c'est pour remplir les greniers du père de famille. — Faisons comme eux; travaillons là où Dieu nous a placés; travaillons à la sueur de notre front. La sueur de l'apôtre est presque, comme le sang du martyr, une semence de chrétiens.

Pourtant, Oreste, il vous faut un auxiliaire. De tous, c'est celui, — est-ce *celui* qu'il faut dire? — qui, s'il est bien choisi, devra contribuer le plus puissamment au succès de l'œuvre que vous avez entreprise.

— Je vous comprends. Aussi, je cherche une châtelaine.

— Priez Dieu de la chercher avec vous, ou plutôt de la chercher pour vous. Qu'elle soit douce, qu'elle soit pieuse, qu'elle aime les pauvres et point le luxe, qu'elle comprenne que la mission de la noblesse est tout entière dans ce mot : sacrifice.

— *Amen!* répondîmes-nous tous en chœur.

Fabien et Saturnin, les seuls mariés parmi nous, et tous deux visiblement bénis du Ciel, avaient, dans leur *amen* une intonation de plus. Fabien y joignit un regard.

Cette intonation, ce regard voulaient dire :

— Que Dieu traite le grand propriétaire, l'héritier d'une longue suite d'aïeux, comme il a traité le magistrat, fils de ses œuvres, et l'humble médecin de campagne ! Roqueville et le seigneur de Roqueville seront heureux.

CHAPITRE VII.

PYLADE.

— Ce n'est pas contre l'oisiveté que j'ai eu à lutter, nous dit Pylade; ou plutôt dis-je moi-même, puisque c'est moi qui étais connu sous ce sobriquet; ce n'est pas contre l'oisiveté, mais bien contre l'ambition.

De bonne heure on m'avait dit : « Tu iras loin. »

De tout temps il y avait eu, parmi les miens, des procureurs généraux, des receveurs généraux, des directeurs, des inspecteurs généraux, des généraux aussi, des préfets, même des ministres.

Mon grand-père, M. de Sainte-Agathe, avait eu l'honneur de faire partie de cette fournée de fermiers généraux que le grand Maximilien envoya un jour à la guillotine, sans réfléchir que la plupart d'entre eux avaient été les avant-coureurs et les patrons de cette Révolution que lui résumait si bien.

Occuper un poste élevé, voir sous soi tout un troupeau rampant d'employés, faire trembler le public, dans les cérémonies officielles et dans les grands dîners s'asseoir aux premières places, porter un de ces habits où les décorations viennent se placer d'elles-mêmes, c'était chez les miens une ambition traditionnelle. Et comme, dès la sixième, j'eus beaucoup de prix au collége, comme, presque tous les ans, j'étais couronné au grand concours, comme je passai à toutes boules blanches mes examens de droit et ma thèse de doctorat avec éloges, mon grand-oncle, qui était mon tuteur, en concluait que je ne dégénérerais pas de la gloire de la famille et que je ne serais pas de ceux qui croupissent dans les postes inférieurs.

Je le croyais aussi. J'aimais passionnément le travail; non parce que c'est la loi de notre nature et l'accomplissement d'un devoir; pas davantage parce que j'y trouvais des douceurs cachées, une de ces joies intimes que l'on goûte à cultiver l'amitié, ou, comme on parlait sous le premier Empire, « à sacrifier aux muses. » Non, le travail était pour moi un moyen d'avancer; c'était une arme que je forgeais, et avec laquelle un jour je savais bien que j'aurais raison de tous les obstacles. Chaque connaissance que j'acquérais, chaque degré de force ou de souplesse qui venait tremper encore l'acier déjà brillant et fin de mes facultés, c'était comme autant de chances de plus que j'amassais de gravir un jour cette échelle des dignités, dont le sommet, semblable à la tour de Babel, se perdait dans les nues. Je goûtais à travailler un plaisir âpre et sauvage qui tenait du vertige et de l'enivrement. Je sentais qu'une fois sorti de cette période de préparation, une fois lancé dans une profession active, je m'y donnerais tout entier, avec entraînement, avec passion, avec amour, avec rage. J'aurais « le diable au corps. » Je savais bien que c'était le seul moyen de réussir.

Quand je lisais ces légendes d'un misérable qui a vendu son âme au démon, il me semblait que je les comprenais bien, et que sans avoir jamais fait, ou même projeté avec l'esprit du mal un pacte semblable, ce serait avec une semblable ardeur, un semblable oubli de tout le reste, une pareille détermination de réussir et d'avancer, coûte que coûte, que je me jetterais dans la mêlée. Je sentais que je mettrais au service de mon ambition, — noble et louable ambition! disais-je, — un véritable enthousiasme que les envieux ne manqueraient pas de traiter de fanatisme.

Une seule chose balançait cette passion; car c'en était une. Ma mère, que j'avais perdue quand j'entrais à peine dans l'adolescence, ma mère était une chrétienne de la vieille roche. Elle ne concevait pas que l'on prodiguât, que l'on prostituât, disait-elle, à d'autres qu'à Dieu, — à d'autres êtres ou à d'autres affections, — un encens que Dieu seul méritait.

Si nobles ou si légitimes que fussent ces affections, elles lui paraissaient une idolâtrie, du moment que le tout de notre cœur leur était donné. Et elle n'avait pas eu besoin d'une grande perspicacité pour découvrir que cette idolâtrie avait été, de tout temps et à des degrés divers, le péché mignon de ma famille. Elle s'était donc attachée de bonne heure à combattre cette influence, vous devinez comment. Un jeune prêtre d'un grand mérite, et qui, fort heureusement pour moi, se trouvait éloigné du ministère actif par sa santé, consentit à devenir mon précepteur. J'allais seulement au collége comme externe libre.

Quoiqu'il n'aimât pas la soutane, mon grand-oncle consentit à cette combinaison. Il ne devina pas le motif secret de ma mère. Et puis, « un abbé précepteur, » cela a toujours bon air.

Le vœu de ma mère fut rempli. Quand elle mourut, quoique j'eusse à peine atteint mes dix-sept ans, j'avais reçu l'éducation religieuse la plus solide et la plus complète.

Je ne vis d'abord aucune incompatibilité entre ces principes chrétiens et l'ambition qui commençait à se saisir fortement de mes facultés. Et l'histoire des *frites* que Michel nous rappelait tout à l'heure est là pour dire qu'à l'étude j'étais encore un fidèle presque scrupuleux.

Mais pourtant j'appartenais à cette classe d'hommes qui a été comparée à un terrain couvert d'épines : la vérité, du moins son amour effectif et pratique, menaçait d'être étouffée chez moi par ces terribles épines : *a sollicitudinibus vitæ*... Je le sentais, et une lutte allait commencer au fond de mon âme entre ma piété et mon ambition, lorsque tout d'un coup celle-ci parut devoir prendre le dessus.

Entré au conseil d'Etat depuis bientôt trois ans, je m'y étais distingué. Je venais d'être nommé sous-préfet dans un arrondissement d'une difficile gestion. C'était comme une campagne que j'allais entreprendre : beaucoup de peine, beaucoup de travail, beaucoup d'honneur et de gloire à recueillir par conséquent.

J'avais lu, le matin, ma nomination dans le *Moniteur*, et je devais partir, le soir même, lorsque je tombai gravement malade.

Si l'on voulait compter le nombre de ceux que la maladie a sauvés, a ramenés au bercail à cette heure cruelle et décisive où ils allaient rompre le dernier et faible lien qui les tenait rattachés à Dieu, on serait infini.

Mon mal fut violent et long.

Avant qu'il atteignît son apogée, puis avant qu'il déclinât vers les confins de la convalescence, enfin avant que celle-ci pût s'appeler rétablissement, il s'écoula plus de six mois.

Naturellement, et en dépit du *Moniteur*, ma nomination fut comme non avenue. Et, quinze jours après avoir sauté de joie en la lisant, mon oncle eut la douleur d'apprendre par le même *Moniteur*, que M. le Protais, l'un de mes collègues au conseil d'État, était appelé à la sous-préfecture de ***, « en remplace-

» ment de M. de Sainte-Agathe, nommé à ladite sous-
» préfecture et non acceptant pour cause de santé. »

J'étais trop malade alors pour éprouver à cette lecture même une contrariété. Ou plutôt, cette lecture ne me fut point faite, et je ne sais plus ni quand ni comment j'appris que j'avais cessé d'être sous-préfet; le fait est que je l'avais été si peu que je l'avais presque oublié.

Pendant ma convalescence, je réfléchis... je réfléchis beaucoup. On me permettait très-peu de conversation et pas du tout de lecture, sous prétexte de ne me point fatiguer le larynx ou le cerveau. Je passai mes journées à penser, ce qui est, d'ordinaire, pour ledit cerveau, un exercice bien autrement fatigant.

Heureuse fatigue! Que dis-je? Je n'en éprouvai aucune, mais, au contraire, une sorte de joie et d'apaisement, à la pensée que ma vie n'était plus dévorée par cette fébrile activité d'autrefois, et que les progrès lents de ma guérison me laissaient encore des semaines et des mois pour étudier mûrement et à tête reposée la grande question de mon avenir.

Mon oncle ne cessait de me répéter « que ce n'était là qu'un temps d'arrêt insignifiant, et que, quand bien même cette maladie m'aurait fait perdre un an, j'étais jeune encore, qu'il ne fallait point me désespérer; que *** n'était pas la seule sous-préfecture; qu'il se faisait fort, au moyen de son ami, le chef du personnel à l'intérieur, de me faire avoir, aussitôt mon plein rétablissement, un poste au moins aussi avantageux que le premier. »

Mes pensées, à moi, suivaient une tout autre direction.

— Combien ne dois-je pas à Dieu, me disais-je, qui vient de me tirer des portes du tombeau? Et, pour le remercier, j'irais me replonger dans cette vie qui, je le sens, m'éloigne de lui chaque jour davantage! »

J'avais l'esprit ainsi fait, qu'une fois lancé dans les affaires, je savais de science certaine que je ne laisserais bientôt plus aux choses religieuses qu'une toute petite place, puis plus de place du tout dans mon âme. Quel crime pourtant et quel malheur! Et n'avais-je pas un moyen bien simple de le prévenir?

Après tout, en sondant mon cœur, je ne me trouvais point pour les fonctions administratives ce qu'on peut raisonnablement appeler une vocation. L'ambition n'est pas une vocation, et pas autre chose ne me poussait du côté des préfectures. Même humainement parlant, avec une belle fortune, n'avais-je pas mieux à faire que de me mettre au cou ce collier doré? Et ne ferais-je pas mieux de le laisser à ceux qui en ont besoin pour vivre? Puis, à un point de vue plus élevé, puisque je croyais que j'aurais de la peine à servir à la fois Dieu et M. le ministre de l'intérieur, n'était-ce pas un devoir de me jeter résolûment du côté opposé à celui de M. le ministre de l'intérieur?

Qu'ils sont rares ceux à qui une complète indépendance permet de choisir leur état, sans se préoccuper d'autre chose que de savoir quel est l'état auquel ils sont le plus propres, et dans lequel il leur sera donné d'accomplir directement et gratuitement la plus grande somme de bien !

J'étais du nombre de ces heureux mortels.

— De peur de ne pas donner assez à Dieu, donnons-lui tout, me dis-je un jour après une longue méditation, et jetons-nous, sans crier gare, dans cette mêlée où la petite phalange des chrétiens tient tête aux gros bataillons du déisme et de l'incrédulité. »

Je n'avais aucun attrait pour la vie religieuse. Mais, même dans la vie laïque, que de manières de servir Dieu uniquement, de faire de lui non-seulement le principe, mais l'objet direct de chacune de nos actions; d'être non point un amateur dans cette sainte milice, mais un travailleur régulier de tous les jours et de tous les instants, y mettant la même conscience que si l'on dépendait d'un inspecteur ou d'un chef de bureau, et qu'il y eût, tous les matins, une feuille de présence à signer ?

La carrière des œuvres me tenta. Après y avoir réfléchi, ce ne fut pourtant pas vers elle que me parurent surtout inclinées les aptitudes de mon esprit; ce n'était pas non plus de ce côté que les ouvriers faisaient le plus défaut. Dans notre temps de naturalisme, la charité se conçoit encore et trouve de nombreux champions. La foi est moins bien comprise et d'un moins grand nombre d'âmes. Aussi les œuvres de charité spirituelle, qui sont des œuvres de foi, rencontrent-elles à peine, par-ci par-là, quelques timides adhésions.

C'est dans cette direction qu'il me sembla que Dieu m'attirait. Au conseil d'État, j'avais une certaine réputation, non-seulement de rédacteur, mais d'écrivain. On trouvait que mes rapports, outre l'enchaînement des idées et la rigueur du raisonnement, avaient une certaine verve, un certain feu, un choix heureux d'expressions, du style enfin et de l'art.

— Je me consacrerai aux lettres chrétiennes, tel fut donc le résultat de mes réflexions.

J'en touchai deux mots à mon oncle. Sa surprise égala son indignation. Il me déclara nettement que je n'avais qu'à faire mon deuil de sa succession : ses cent mille livres de rente n'iraient certes pas enfler le gousset d'un nigaud qui, au lieu d'être préfet, conseiller d'Etat, peut-être ministre, s'enrôlait parmi les plus pauvres folliculaires.

Cela me décida ; non par bravade ou que j'aie manqué en rien au respect que je devais à mon oncle ; mais c'était un petit sacrifice, et je crus reconnaître là le signe de la volonté divine. D'ailleurs, comme il me restait, de mon chef, vingt-cinq bonnes mille livres de rente au soleil, je vous prie de croire que mon sacrifice n'eut rien de bien héroïque.

Je ne vous parlerai pas de ma vie nouvelle ni de mes travaux de tous les jours. Ils me rapportent très-peu d'argent et pas du tout de gloire. Mais j'y trouve la paix de mon âme, l'exercice et l'agrément de mon esprit ; ils font quelque bien et m'ont acquis plusieurs très-précieuses amitiés, entre autres celle de deux ecclésiastiques, d'un procureur impérial et de trois dames que je n'ai jamais vues; il est même très-possible que je meure sans connaître de ces six excellents amis autre chose que leur écriture.

Il faut pourtant que je vous raconte un incident qui a été l'une des causes déterminantes et la première jouissance de ma nouvelle vocation.

Six mois peut-être avant ma nomination à cette sous-préfecture où je n'ai pas mis les pieds, je rencontrai par hasard, chez un de mes collègues du conseil d'Etat, un jeune homme qui fit sur moi une profonde impression.

La beauté n'est qu'une enseigne, trompeuse quelquefois. Mais quand l'âme, revêtue d'un beau corps, tient les promesses de celui-ci, quand la pureté des traits est un emblème de la pureté des sentiments, quand ces yeux limpides et ardents sont comme les fenêtres à travers lesquelles un esprit élevé, un cœur aimant regardent le monde extérieur, quand la dignité de l'attitude indique — de loin seulement — le noble essor de la pensée, oh! alors, la beauté est une belle chose et un véritable présent du Ciel.

Telle était la beauté de celui qu'en souvenir de vous, Roqueville, j'appelai bien vite Oreste II.

Amédée, — qu'importe son nom de famille! c'est par le nom de baptême que Dieu et les anges nous connaissent, — Amédée avait vingt-cinq ans à peine. Il était né à Sallenches. Élevé dans un séminaire, n'aspirant qu'au bonheur et à l'honneur du sacerdoce, il avait dû, au moment de voir ses vœux exaucés, y renoncer tout à coup. Une ruine soudaine atteignit ses parents. Ni son père brisé par le chagrin, ni sa mère infirme, ni son aïeul, vieux soldat plus que nonagénaire, ni ses six frères et sœurs, dont l'âge s'étageait de deux ans jusqu'à quinze, pas un de ces êtres si intéressants ne pouvait songer à réparer tant soit peu le désastre commun et à gagner pour la famille le pain de chaque jour. Ceux qui dirigeaient la conscience d'Amédée n'hésitèrent pas à lui dire, — ce qu'il se dit d'ailleurs tout de suite à lui-même, — que sa vocation avait changé de forme : il avait du talent, du courage, de la jeunesse, du dévouement. Tout cela, le quatrième commandement lui en indiquait clairement l'emploi.

Il chercha donc autour de lui une sorte de sacerdoce laïque : il se jeta dans la presse religieuse.

D'abord rédacteur presque honoraire, puis l'un des principaux écrivains et des plus goûtés, puis le rédacteur en chef d'une des premières feuilles catholiques de la catholique Savoie, il put largement subvenir pendant six ans, à cette douce et lourde charge qu'il avait sur les épaules.

Hélas! elle s'allégeait tous les jours. L'aïeul mourut le premier, puis le père, dont le cœur était navré à l'idée du sacrifice qu'Amédée avait dû s'imposer. Dieu voulut avoir pour siennes trois des sœurs du brillant journaliste : l'une entra au couvent, deux autres furent appelées, toutes jeunes, aux noces éternelles.

Restaient l'aînée des filles, qui ne quittait pas la mère infirme, et les trois garçons, dont le sort paraissait être assuré, à peu de chose près, par de puissants protecteurs.

Seul, avec sa mère et sa sœur, le jeune homme commençait à calculer qu'en continuant d'économiser — ce qu'il avait toujours fait jusque-là — 6,000 francs par an sur son traitement de rédacteur en chef, il pourrait, au bout de quelques années, retourner à son cher séminaire.....

C'est alors que commença, dans les États-Sardes, contre toutes les institutions et les œuvres catholiques, cette persécution, tantôt hypocrite et tantôt cynique, qui depuis, comme chacun sait, n'a fait que croître et embellir.

Fidèle auxiliaire de l'Église, le journalisme religieux devait goûter, l'un des premiers, aux fruits amers de ce régime que l'on a plaisamment appelé *l'Église libre dans un État libre.*

Pour un article où éclatait avec éloquence l'indignation d'un cœur chrétien, à propos de je ne sais plus quelle incarcération ou quel exil épiscopal, Amédée fut, sans autre forme de procès, conduit à la frontière française. « Qu'il se gardât de remettre les pieds en un pays où régnait le comte de Cavour... Ou sinon... »

Il se le tint pour dit, fit venir à Paris sa mère et sa sœur, et là recommença, dans les plus humbles rangs de la presse religieuse, son œuvre interrompue... Il n'avait pas tardé, cependant, à reconquérir un poste digne de son beau talent et de son âme ardente.

Tout cela m'avait été raconté par mon ami du conseil d'État, et quoique je ne fusse plus ou que je ne fusse pas encore, — comme vous le préférerez, — un bien chaud catholique, cela m'avait frappé et prévenu en faveur du jeune confesseur de la foi, lorsqu'un jour donc je le rencontrai.

Je le reconnus d'abord, et d'abord, je l'aimai tendrement.

On a beaucoup écrit sur la soudaineté de l'amour; et, sans relever les billevesées des plumes folles, beaucoup de sottises ont coulé, à ce propos, de plumes qui passent pour sensées.

Tout ce qui a été dit en cette occasion n'est pourtant pas dénué de raison. Dieu permet quelquefois que les qualités de l'âme, — cette beauté intérieure qui, si elle était vue sans voile, serait comme la vérité, au dire de Platon : *mirabiles omnium suscitaret amores*, — Dieu permet quelquefois que cette beauté intérieure se reflète si fidèlement sur certaines faces humaines, qu'entrevoir seulement ces visages radieux et sereins, c'est pénétrer pour un instant dans le royaume de l'idéal. Il semble qu'ils soient la personnification de ce qu'un autre philosophe a appelé *le désirable*, et qu'en nous laissant entraîner de ce côté, nous cédions à une sorte d'instinct irrésistible presqu'autant qu'inexplicable.

Que si une heure de conversation avec l'un de ces hommes divins nous montre son esprit et son cœur plus beaux encore et plus séduisants que ses traits, la conquête est complète. Que ce sentiment soit l'amour ou qu'il soit l'amitié, il n'est, même avec cette soudaineté et cette intensité, ni si rare ni si fou que des esprits méticuleux le voudraient bien croire.

Telle fut l'amitié de Jonathas pour David (1); telle fut la mienne pour Amédée.

Je l'aimai sans réserve. Lui ne mit dans sa tendresse pour moi d'autre restriction que le sentiment supérieur qui le tenait si étroitement attaché à Dieu et aux choses de Dieu...

Je ne sais, mes amis, si l'un de vous a eu son existence traversée par cet incident étrange : tout à coup, par hasard, ou plutôt par une secrète disposition de la Providence, une affection nouvelle s'élève dans notre vie. Nous avons rencontré une âme dont les affinités avec la nôtre sont si profondes et si vives, que, selon le mot charmant de Joubert, nos deux âmes se sont reconnues... Six mois, nous nous quittons à peine. Toutes les questions de quelque importance : religion, politique, histoire, vie morale, sciences, lettres, arts, sont successivement passées en revue dans ces heures déli-

(1) *Et factum est, cum complesset loqui ad Saul, anima Jonathæ conglutinata est animæ David et dilexit eum Jonathas quasi animam suam.* (I. Reg., XVIII, 1.)

cieuses où, au milieu de divergences de détail, on est si heureux de voir celui que l'on aime penser comme soi sur les choses capitales... On se promet de ne se point quitter. Si diverses que soient les voies humaines où la Providence a jeté l'un et l'autre ami, que le premier soit millionnaire et le second à peine sûr du lendemain, peu importe! La voie chrétienne est la même, et c'est la grande voie, la voie royale qui mène au but, celle où se nouent les solides amitiés.

L'un de ces deux amis s'absente... A son retour, l'autre n'est plus là... Dieu l'a cueilli, comme un fruit mûr... Est-ce une réalité, est-ce un rêve que cette affection qui tout à coup s'est placée au premier rang parmi nos tendresses, et qui, un instant après, a disparu ?

C'est une réalité. Car il en reste des traces sérieuses. Ce n'est pas en vain que l'on a aimé, ne fût-ce qu'un mois, une âme de feu...

Ce fut mon histoire. Quand la maladie me saisit, Amédée était, comme il l'avait toujours été, d'une admirable santé. Il vint me voir tous les jours... Puis, je fus trop malade pour m'apercevoir qu'il cessa tout à coup de venir.

Dès que je sortis de cet état violent où le délire ne me quittait guère que pour faire place à une prostration complète, je m'enquis d'Amédée.

On me dit qu'il était absent de Paris.

Puis, quand je fus tout à fait rétabli, il fallut bien m'avouer l'affreuse vérité tout entière.

Une angine l'avait enlevé en trois jours...

La mère d'Amédée, que j'allai voir, dès que je pus sortir, supportait sa douleur avec ce courage qui ne se puise qu'au pied de la croix.

Elle pleurait; mais à travers ses larmes brillait un sourire céleste.

— C'était un saint, Monsieur, disait-elle, que cet enfant, et trop pur pour ce monde mauvais...

Elle me remit un paquet cacheté que l'on avait trouvé dans les papiers du défunt et qui portait mon adresse.

Je l'ouvris. C'était un manuscrit inachevé. Il était accompagné d'une lettre.

— Mon cher Pylade, me disait Amédée, je me sens malade aujourd'hui... J'ai peur que cette maladie ne m'emporte; ou plutôt, si je le crains pour ma pauvre mère, je ne puis m'empêcher de m'en réjouir pour moi. Je remets donc le tout à la volonté de Dieu.... Si je succombe et que vous vous rétablissiez, comme j'en ai la ferme espérance, lisez ce manuscrit.

» Je l'ai écrit presque tout d'une haleine, après en avoir, depuis plus d'un an, amassé, puis classé les matériaux dans mon esprit. Ma joie, en l'écrivant, en donnant une forme à des pensées qui me tourmentaient depuis longtemps, en voyant éclore sous mes doigts une œuvre que j'avais si longtemps appelée de mes vœux, ma joie de littérateur, de père presque, a été vive, cette quinzaine dernière, — trop vive peut-être. Et peut-être est-ce à cause de quelque complaisance excessive que j'y ai goûtée, à cause de l'oubli momentané du but, à cause de cette puérile délectation que j'ai cherchée dans les bagatelles du chemin, c'est pour cela peut-être que Dieu ne permet pas que j'achève.

» Je crois que c'est de beaucoup ce que j'ai fait de mieux. Mais je puis me tromper.... Si vous pensez comme moi que cela ait quelque valeur, et surtout puisse faire quelque bien, je vous demande une chose, c'est de l'achever.

» *L'Histoire d'un homme heureux* est menée assez loin pour que vous puissiez facilement en deviner les dernières péripéties, que vous puissiez du moins imaginer un dénouement qui ne jure pas avec l'ensemble de l'ouvrage. Nous nous aimions trop, — nous nous aimons, car je vais en un pays où les saintes affections ne font que s'accroître en se plongeant dans leur source; — nous nous aimons trop, nous avons trop souvent remué ensemble ces idées que j'ai cherché à mettre en scène, pour qu'il vous soit difficile d'achever ce que j'ai commencé.

» N'alléguez point que vous n'êtes pas littérateur et que vous n'avez jamais écrit que des thèses et des rapports. Vous êtes littéraire, ce qui vaut mieux. Et je sais par X..., notre ami commun, que vous avez la réputation d'une des plus fines plumes du conseil d'Etat. »

Suivaient quelques adieux que je ne dois pas vous

redire, si je veux conserver un peu de calme à ma voix pour finir ce récit.

Je fus extrêmement frappé de cette coïncidence entre ma vocation nouvelle, dont je croyais n'avoir puisé le germe que dans ma maladie, et cet appel qu'un saint m'adressait de l'autre côté du tombeau, me conviant à une œuvre littéraire.

Je me dis que ce serait là l'épreuve providentielle; et, sous prétexte de consolider mon rétablissement, j'allai passer deux mois dans le vieux manoir de mes parents, au fond du Dauphiné.

Je promettais à mon oncle une décision définitive pour mon retour.

Enfermé à la *Haie-Blanche*, — c'était le nom de mon petit domaine, — absolument seul avec une vieille femme de charge, je lus et relus le manuscrit. Je me pénétrai de l'idée que mon ami avait voulu mettre en relief. J'étudiai chacun des caractères.

Puis, pendant quinze jours, un calepin et un crayon en poche, je parcourus les vallées, les montagnes, je me penchai sur le bord des torrents, je gravis les plus hautes cimes; je passai des heures entières couché dans l'herbe des prairies, ou bien, sur un rocher, regardant à mes pieds et sur ma tête toutes les merveilles de la création... Les environs de la Haie-Blanche sont un petit Chamouny.

Puis, le plan arrêté dans mon esprit, indiqué sur mon calepin par quelques lignes écrites au courant de la pensée, vint le moment d'exécuter.

Il faut n'avoir jamais aimé personne, jamais n'avoir été chargé d'achever l'œuvre ébauchée par une main fraternelle, pour ne pas comprendre combien mon crayon trembla dans mes doigts quand il fallut commencer, de quelles larmes je trempai mon papier; combien de fois, mécontent d'un premier essai, comparant toujours mon travail terne et traînant à cette pensée de feu qui semblait, d'un seul coup d'aile, emporter mon ami au faîte de toutes choses, combien de fois je bouchonnai, puis jetai dans quelque précipice des pages entières qui m'avaient coûté bien des heures; combien de fois le cœur me manqua! La besogne me paraissait décidément au-dessus de mes forces.

— Mieux vaut publier l'œuvre inachevée..... Ce sera comme une belle statue antique mutilée par le temps. De quel droit coudre à ce chef-d'œuvre une queue médiocre? »

Puis je pensai à la confiance de mon ami que ma lâcheté allait trahir, à cette expérience que je voulais tenter et qui devait être mon premier pas dans une route où Dieu semblait m'appeler. Je me dis que je devrais au moins essayer. Il serait toujours temps de livrer mon travail « aux vents, aux ondes, à la flamme, » s'il était mauvais. Encore fallait-il l'achever et le soumettre à quelque juge compétent.

Le découragement, la défiance excessive de mes propres forces avaient cédé. Je me considérais comme remplissant un devoir pieux envers la mémoire de mon ami.

Le travail s'acheva..... Je le relus tout entier, le corrigeai, le remaniai. Puis je recopiai le tout : la partie composée par Amédée, celle qu'Amédée encore, — tant j'étais pénétré de lui, — venait d'écrire par ma main.

Cela me parut bien. Il me sembla que mon appendice ne faisait pas trop disparate avec le commencement, qu'il terminait bien l'œuvre, que le tout formait un ensemble satisfaisant, même remarquable, et en somme laisserait le lecteur sous une impression profonde et salutaire.

Je le donnai à lire à deux, à trois littérateurs et à autant de femmes du monde, comme une œuvre posthume d'Amédée. Tous l'admirèrent sans réserve. Pas un ne soupçonna la fraude. Pas un ne signala dans la dernière partie la moindre défaillance. Quelques-uns même, — non quelques-unes; mais elles se trompaient, — aimèrent surtout la fin.

Le livre fut publié. Il eut un grand succès. Il fit du bien à plus d'une âme en péril. Il fut, pendant deux ans que vécut encore la mère d'Amédée, une précieuse ressource..., ressource bien douce aussi.

— Quel bon fils c'était que mon Amédée ! disait la pauvre femme. Même après sa mort, c'est encore lui qui me nourrit.

Quant à moi, mon expérience était faite. Je déclarai à mon oncle que j'avais rapporté du Dauphiné la résolution la plus inébranlable de me vouer aux lettres chrétiennes.

Il me voua, lui, aux dieux infernaux; et il est mort l'année dernière, laissant ses cent mille livres de rente et son château du Berry à un de mes cousins, membre distingué de plusieurs sociétés hippiques, nautiques, cynégétiques, etc., lequel cousin a déjà singulièrement écorné les cent mille livres et hypothéqué le château pour les deux tiers de sa valeur.

J'écris dans les journaux, dans les revues; je fais des livres... Mes livres se vendent et se lisent. Si je n'avais ces vingt-cinq mille francs de revenu qui me mettent au-dessus du besoin, peut-être ma plume me donnerait-elle les moyens de ne pas mourir de faim, de ne point coucher à la belle étoile et de n'être ni va-nu-pieds ni sans-culottes. Je le crois sans en être pourtant absolument sûr, n'ayant jamais essayé.

J'ai la réputation d'un honnête et agréable écrivain. Mais je ne ferai jamais rien comme la fin de l'*Histoire d'un Homme heureux*..... C'est que j'avais, ce jour-là, en la personne d'Amédée, un fameux collaborateur..... sans compter le bon Dieu, qui, je le crois, y a aussi quelque peu mis la main.

Mes amis m'engagent à écrire enfin un livre .... *qui fasse sensation.* — Je le veux bien, si le livre se laisse faire.

Mais, après tout, est-ce nécessaire ? Et sont-ce toujours les livres qui font sensation qui font le plus de bien?

ÉPILOGUE.

Il était huit heures du soir quand je terminai mon histoire, la dernière de toutes.

Nous ne partions qu'à dix heures.

Réunis dans le salon, autour d'un de ces feux de sarments et de pommes de pin rendus on ne peut plus *plaisants* par un commencement de fraîcheur automnale, nous sentions que, même nos récits achevés, nous ne pouvions guère parler d'autre chose que des six « chevaux du corbillard. »

— Monsieur le président, dit Alcide à Fabien, résumez les débats, s'il vous plaît.

— J'aime mieux donner la parole à celui d'entre nous à qui l'ensemble de ces narrations aura suggéré quelque réflexion utile. »

Silence général.

— Puisque personne ne réclame, dit Oreste, je parlerai, moi; et je ferai l'avocat du diable. Michel est là pour me redresser, si je m'égare.

Je ne sais ce que pense de tout ce que nous venons de dire mon très-intime ami, Pylade. Mais à le regarder, tant qu'il ne parlait pas, il me faisait tout à fait l'effet d'un homme qui prend des notes en dedans. D'ailleurs, chacun sait que messieurs les littérateurs sont capables de tout, et qu'au moment où vous les croyez absorbés par le plaisir de la conversation ou les épanchements de l'amitié, ils se demandent tout bas comment ils pourront utiliser, la plume en main, telle situation, tel caractère, tel dialogue, telle confidence, tel mot heureux. Donc, si notre cher homme de lettres est fidèle aux traditions de sa compagnie, il s'apprête déjà à nous livrer à l'imprimeur, en dissimulant de son mieux notre identité, au moyen de quelques changements de noms, de lieux et de dates.

Je voudrais le prévenir amicalement, pendant qu'il en est temps encore, que cette petite série de *nouvelles* ne pourrait guère s'intituler autrement que : *Six conversions.* » — Oreste n'avait pas mis le doigt sur le titre infiniment plus pittoresque que j'avais déjà flairé. — « Or, cela fait bien des conversions; et toutes vraies qu'elles soient, ces six histoires seront invraisemblables et, je le crains, tant soit peu monotones.

— Sans qu'il soit besoin de faire appel au tricorne de Michel, dit Fabien, il me semble que ma simple toque de magistrat trouverait, sans trop d'efforts, une réponse au dire d'Oreste.

La vraisemblance, au contraire, non moins que la vérité, est pour nous. Si nous fussions arrivés tous les six au convoi de M. Troisvaux avec des sentiments hostiles à la vérité religieuse, rien ne nous eût attirés les uns vers les autres. Satisfaits de l'amicale poignée de main que nous avions échangée dans le salon mortuaire, nous nous serions de nouveau dispersés *hinc atque hinc*. Mais c'est précisément parce que nous formions « le banc des calottins, » parce qu'une même influence avait passé sur notre vie et l'avait transformée, que nous avons éprouvé ce mutuel et irrésistible attrait. C'est pour cela que nous avons voulu savoir par quels chemins divers et contraires en apparence nous avions tous quitté la haute mer du doute ou les brisants de l'indifférence pour aborder à pleines voiles dans le port béni de la foi.

— Oreste a raison, dit l'abbé. Entre nos récits il y a unité de but, mais variété de moyens. L'unité dans la variété, n'est-ce pas le comble de l'art? Et comme d'ailleurs c'est sur les moyens plus encore que sur le but que portent ces histoires, je ne les estime pas, pour ma part, monotones. Si donc ce scélérat de Pylade médite de nous imprimer vifs, je lui en donne, en ce qui me regarde, toute licence.

Seulement, permettez-moi d'arrêter votre attention sur une leçon des plus importantes qui ressort de tout ceci, leçon tellement importante que si elle était méditée par un plus grand nombre, et surtout par un plus grand nombre mise en pratique, la société serait, du coup, sinon tout à fait transformée, du moins très-notablement améliorée.

Je veux parler de cette question capitale de la vocation.

Il y a vingt ans, alors que je pensais vieillir dans le métier de copiste, que l'unique ambition de Fabien était de devenir expéditionnaire, qu'Alcide se préparait sérieusement à doter son village d'un prêteur à la petite semaine, qui nous eût dit que nous serions aujourd'hui magistrat, soldat et prêtre, c'est-à-dire les représentants des plus nobles rouages de la machine sociale? Pourquoi Saturnin, qui voulait être avocat, est-il médecin? Pourquoi Oreste, qui avait juré de ne plus remettre quasiment les pieds à Roqueville, ne quitte-t-il plus ce même Roqueville, et, au lieu d'un élégant batteur d'asphalte, est-il devenu le modèle des gentilshommes campagnards? Pourquoi Pylade écrit-il des livres au lieu d'écrire des rapports, et lui qui devait gouverner un département, travaille-t-il à convertir les ouvriers et à empêcher les paysans de se pervertir? Tout cela parce que Dieu a mis la main dans notre vie; parce que, pour nous faire embrasser la voie qui devait nous conduire à notre but, c'est-à-dire vers Lui, il n'a pas craint d'imprimer aux événements publics et privés, des bouleversements où sa miséricorde éclatait non moins que sa colère; parce que nous avons été, les uns plus, les autres moins, les uns plus tôt, les autres plus tard, dociles à cette impulsion du grand moteur, et que nous avons tous fini par le rencontrer et nous donner à Lui. Quand on en est là, tout est sauvé et le reste n'est rien.

— Mais, dit Saturnin, un scrupule encore. Il me semble que nous sommes tous bien heureux. Je ne parle pas du bonheur d'avoir trouvé Dieu, qui est le bonheur suprême. Je parle du bonheur humain, qui, bien qu'il ne soit qu'un accessoire, est un accessoire auquel nous sommes terriblement sensibles. Est-ce donc encore une application du mot de l'Évangile : « Cherchez d'abord le royaume de Dieu et sa justice, » et tout le reste vous arrivera par surcroît? » Vraiment, s'il suffit de servir le bon Dieu pour être comblé de biens comme nous le sommes tous, la chose est par trop commode, et quand je reçois une si ample récompense ici-bas, j'ai peur que mon salaire n'en soit d'autant écorné là-haut. »

L'abbé sourit presque tristement.

— Hélas! mes bons amis, dit-il, je ne voudrais pas vous attrister en vous rassurant; mais, vraiment, si vous avez quelque terreur de votre excessive félicité et quelque scrupule d'en jouir, c'est là, permettez-moi de vous le dire, une ingénuité qui vous honore, mais que vous ferez bien de mettre sous vos pieds. Reposez-vous sur Dieu du soin de vous donner en temps et lieu votre contingent d'épreuves.

D'abord, remarquez que quand nous examinons avec des yeux humains la part de douleur et la part de joie qui est octroyée à chacun, nous sommes presque comme des aveugles qui voudraient raisonner des couleurs. Est-ce que vous connaissez l'intérieur des âmes, pour juger du degré de sensibilité de chacun, de l'intensité, par conséquent, avec laquelle celui-ci ressent et savoure pour ainsi dire cette coupe d'amertume que tel autre avale d'un trait, sans presque s'en apercevoir? »

L'abbé n'alla pas plus loin. Mais évidemment il pensait à la femme de notre ami. Évidemment celle-ci, malgré son admirable résignation, malgré sa joie de chrétienne à la pensée de la sainte mort de son père, évidemment madame Fabien avait une de ces âmes filiales que ce coup qu'elle venait de recevoir avait non-seulement meurtrie, mais broyée, de manière à lui faire payer pendant longtemps encore son passé, son avenir aussi, de paisible bonheur.

L'abbé reprit :

— Et puis, surtout, qui connaît l'avenir ? Ou plutôt qui ne le connaît pas ? qui ne sait les embûches qu'il nous réserve?.... Ne disons donc pas avec l'Epicurien : « Buvons et mangeons, car nous mourrons demain. » Disons au contraire : Prenons des mains de la Providence les joies qu'elle nous accorde. Puisons dans ces joies passagères, non un amollissement de nos âmes, mais comme une provision de force et de courage pour supporter les épreuves qui ne nous manqueront pas. »

— Eh bien ! dit gaîment Alcide, à la guerre comme à la guerre ! Ce que Dieu voudra, nous le voudrons. Sachons vouloir, avec lui, même notre bonheur ici-bas, s'il le veut et tant qu'il le voudra.

— Qui vivra, verra, répondit Oreste. Voulez-vous prendre rendez-vous, d'aujourd'hui en dix ans, à Roqueville ? »

Le rendez-vous fut accepté, et l'heure de partir étant venue, nous prîmes congé de nos hôtes.

Deux heures après, le chemin de fer nous déposait tous cinq place du Havre, d'où chacun regagna son logis.

J'eus beaucoup de peine à m'endormir.

Il se faisait dans ma tête un étrange pêle-mêle de l'étude de M. Troisvaux et du grenier de la rue Gît-le-Cœur, du château de Roqueville et du parc de Saint-Sylvain, de l'abbé Ludolf et du P. de Meslat, de mes petits livres et des discours de Gilles-le-Cuirassier, des Arabes, de mon cher Amédée et du bon M. Tapin..... Puis, je refaisais en pensée tout le dialogue qui avait suivi nos six histoires.

Pendant un discours que j'entreprenais pour développer je ne sais quel côté de la question, le sommeil me saisit enfin, mais un sommeil fiévreux et plein de rêves bizarres.....

Quand les caprices de mon imagination eurent épuisé le passé, vint le tour du « futur contingent. »

Je songeais qu'au sommet du Pic-Noir s'élevait une colossale barricade. Dans ses flancs était pratiqué un escalier étroit que je gravissais péniblement. Arrivé à la dernière marche, je me trouvais en face de quoi ?... d'un théâtre d'ombres chinoises.

Je compris que sur cette toile *impossible* et qui était à celle du sieur Séraphin ce qu'est à une cuvette la vaste étendue des mers, je compris que j'allais voir reparaître ces six chevaux du corbillard dont l'histoire m'avait tant préoccupé depuis douze heures..... et que je les reverrais, non pas tels qu'ils étaient sans doute aujourd'hui, — je venais seulement de les quitter, — mais tels qu'ils seraient à cet autre aujourd'hui où je me trouvais tout à coup transporté. Car j'avais, en quelques heures, vieilli de dix ans; un miroir accroché devant ma stalle se chargea de me l'apprendre, en me renvoyant mon image singulièrement ratatinée et mes cheveux tout blancs.

Cependant le spectacle commença.

Fabien parut le premier. Du moins ce moniteur invisible qui, comme le chœur antique, m'expliquait les ressorts les plus cachés du drame, m'apprit que c'était Fabien.

Fabien n'était plus heureux : il était résigné.

L'abbé l'avait bien dit : Qu'est-ce qu'un bonheur qui doit finir? Un rêve.

Marie était morte et Fabien vivait, si l'on peut appeler vie cette misérable existence d'un être qui a perdu l'être qu'il aimait le plus ici-bas.

Fabien vit pour ses filles, l'une déjà mère de famille, l'autre qu'il va marier cette année. Il vit pour son état, dans lequel il se plonge afin de fuir d'autres pensées. Il vit parce que Dieu le veut. Mais, quoique ses filles l'aiment tendrement et lui fassent le plus grand honneur, quoiqu'il soit président de chambre à la Cour et qu'il ait toutes sortes de chances pour occuper les plus hautes positions de la magistrature, il est malheureux autant que peut l'être un chrétien docile aux volontés du Ciel.

— J'ai eu quinze années de paradis terrestre, dit-il. N'est-ce point assez? Et ne faut-il pas acheter par quelques années d'amertume la souveraine douceur du ciel?

Une figure de saint Sébastien, avec cette différence que les bourreaux qui percent le martyr de leurs flèches sont des sauvages et non des Romains, je ne vis ni ne sus que cela du P. Michel. Quel sourire divin était sur ses lèvres!

Je le dis bien heureux, et me souvins qu'il avait toujours désiré une telle mort... Les saints semblent être des créatures surhumaines que la main du malheur ne saurait atteindre, puisqu'ils ont soif de souffrances et qu'ils soupirent après des tortures dont la seule pensée nous fait, à nous autres chrétiens, courir un frisson à travers les veines.

Encore une tête livide..... Je dis *une*, parce que je la discerne seule au milieu de bien d'autres, étendues comme elle sur un champ de bataille.

C'est la tête d'Alcide. Sur ce champ de bataille

se sont, une fois encore, débattues les destinées de la Pologne...

Alcide venait d'être nommé général. Il allait se retirer et vivre auprès d'Oreste, réalisant une partie de ce vœu qu'Oreste émettait à Saint-Sylvain..... La Pologne, noyée dans son sang en 1863 et 1864, avait encore relevé la tête en 1870. Elle avait fait un appel à tous les cœurs énergiques et chrétiens. Alcide avait entendu cet appel. Il était parti, il avait puissamment contribué à organiser l'insurrection. Il avait été envoyé par le gouvernement national pour conférer avec les puissances à Vienne, à Paris, à Londres. Les puissances, pour se décider à prendre en main cette cause sacrée, demandaient une victoire éclatante.

— Vous attendrez pour nous secourir que nous n'ayons plus besoin de vous, répondit le soldat diplomate. N'importe ! cette victoire, vous l'aurez avant un mois ! »

Et il était retourné sous les drapeaux de l'aigle aux ailes blanches. Et, parcourant les mille centres de l'insurrection, il avait transmis le mot d'ordre des puissances. Et, sous sa direction, une petite armée de héros s'était formée de l'agglomération d'une foule de troupes isolées. Sachant que, dès l'origine, les Polonais n'avaient jamais fait qu'une guerre de *guerillas*, le Mourawief d'alors passait tranquillement une revue, croyant l'attaque impossible, lorsque sur ses vingt mille Cosaques, Kirguis, etc., fondirent, prompts comme l'éclair, dix mille Polonais commandés par Alcide.

Les Russes furent taillés en pièces et mis en fuite.

La bataille était gagnée; adossé contre un affût de canon, Alcide écrivait tranquillement son bulletin de victoire, lorsqu'en fuyant, deux soldats russes tirèrent deux coups presque au hasard. Le premier étendit raide mort le général Alcide, et l'autre un Français qui ne l'avait point quitté depuis six mois, et qu'alors seulement je reconnus pour Oreste.

Toujours l'invisible *impresario* qui faisait mouvoir ces gigantesques marionnettes me montra dans un tableau lointain et un peu confus la Pologne enfin arrachée aux griffes moscovites, et l'Europe ayant enfin entre elle et « l'ours du Nord » cet indispensable boulevard d'une nation guerrière et catholique.

Deux larmes coulèrent de mes yeux. Mais je pensai au noble caractère d'Alcide et d'Oreste, et je séchai mes pleurs. Après avoir goûté quelques années un honnête bonheur, quelle plus noble fin et plus enviable que de contribuer pour sa part à la rédemption d'une nation martyre! La vie militaire d'Alcide, qui a commencé par la hideuse insurrection de Juin, méritait de s'éteindre au milieu des sublimes révoltés de Pologne. Quant à Oreste, après avoir donné vingt ans l'exemple des vertus pacifiques aux paysans de Normandie, ce n'est pas un inutile exemple qu'il donne aux gentilshommes français que de leur apprendre à retremper leur noblesse dans leur propre sang versé pour une juste cause.

Au milieu de ces poignants spectacles, voici la paix et la sérénité qui reviennent.

Il est quatre heures du matin. J'aperçois, monté sur un vieux cheval roux, Saturnin qui commence sa tournée de chaque jour. Il n'est pas seul. Paul, son fils aîné, est en croupe derrière lui.

Ce qu'était le médecin de Saint-Anicet, quand il nous contait son histoire, il y a dix ans, il l'est aujourd'hui. Quelques fils d'argent au milieu d'une épaisse chevelure noire, un peu moins de souplesse dans le jarret, — ce qui fait que ses visites éloignées, il ne peut plus les faire à pied, — huit enfants au lieu de quatre, voilà les seuls changements apportés par le temps à cette existence dure, robuste, mais sereine et enviable entre toutes dans son obscurité. Il n'a ni la fortune, ni la gloire, ni les aises de la vie, pas même ce petit murmure de popularité qui se fait souvent autour des existences utiles. Le pays s'est tellement habitué à ses bienfaits, qu'on ne lui en sait presque plus gré..... Mais s'il n'a pas les enseignes souvent trompeuses du bonheur, si des douleurs amères se sont, de temps à autre, assises à son foyer, s'il a vu mourir dans ses bras sa vieille mère et deux de ses enfants, il a pourtant les principaux éléments d'une vie heureuse qui soient compatibles avec l'humaine infirmité : une santé de fer, de quoi nourrir et élever honnêtement sa famille, un état qui lui plaît et lui permet de faire du bien, l'amitié d'un saint, — l'abbé Ludolf est toujours curé de Saint-Anicet, et, semblable aux vins généreux, il n'a fait que se bonifier encore en vieillissant; — enfin, car j'ai réservé pour la conclusion les deux maîtresses perles de sa couronne, Saturnin aime Dieu par-dessus tout, et sa femme est le type de l'épouse chrétienne.

Puis la scène change encore, et c'est moi que je vois.....

C'est à ne pas y croire... Je suis assis à mon bureau. Entre le directeur d'une revue célèbre.

— Buloz, le grand Buloz, aux mamelles fécondes?

— Oui, lui-même est là, sur la chaise du solliciteur, implorant de moi un grand roman pour sa Revue.

Je réponds que mes principes ne sont pas ceux « des Deux-Mondes; » qu'à supposer que je consentisse à faire ce qu'il me demande, mon œuvre serait non-seulement chrétienne, mais catholique, mais mystique. Il y a loin de là aux *La Quintinie*, même aux *Sibylle* où se délectent ses abonnés!

— *La Quintinie*, *Sibylle*, murmure le vieux directeur, tout en cherchant dans sa mémoire ce que peuvent vouloir dire ces noms étranges. — « Oh! c'est de l'histoire ancienne, dit-il tout à coup. Nous avons marché depuis ! Ce qu'il nous faut aujourd'hui, c'est un chef-d'œuvre dans le genre des *Trois Chevaliers*, de M. de Saint-Agathe. »

— « Aurions-nous donc encore traversé quelque révolution, et la lune rouge nous aurait-elle encore montré l'une de ses cornes, me dis-je, pour que Buloz sollicite une œuvre catholique ? »

Cependant, et tandis que le Buloz cherche en sa cervelle quelque argument capable de m'attendrir, un petit tableau rétroactif me montre comment je suis devenu un si gros personnage.

Il y a une loi du monde moral comme du monde physique que j'avais trop oubliée, alors que je produisais des livres aimables et utiles, et que, me contentant d'un succès d'estime, je laissais mes amis soupirer après une œuvre « qui fît sensation. » Cette loi, c'est que l'on n'enfante que dans la douleur. L'actrice qui jouait Électre était sublime quand, dans cette urne que le public croyait vaine, elle portait vraiment les cendres de son frère. Le chant du cygne mourant arracherait des larmes à un crocodile. Et ce n'est pas une pure fiction, mais la poétique image de la vérité que ces beaux vers de Brizeux :

« La harpe se taisait, la belle harpe d'or.
» Elle gisait là sous les nues,
» Son corps tout entr'ouvert et ses cordes rompues.

. . . .

» Je sentis de pitié se fendre aussi mon cœur,

» Et, pleurant, j'arrachai la fibre,
» Cette fibre d'amour qui dans moi toujours vibre;
» Puis sur la harpe j'attachai
» Ce nerf mélodieux de mon cœur arraché.

. . . .

J'avais la pensée, j'avais le style, j'avais un véritable élan vers le beau, un amour enthousiaste de tout ce qui apporte « la gloire à Dieu, la paix aux hommes de bonne volonté. »

« Il me manquait l'adversité. » Il me manquait quelque grand déchirement du cœur. Il me manquait d'écrire avec mes larmes, presque avec mon sang. Il me manquait d'avoir ressenti moi-même ce que mon pinceau voulait reproduire.

Le banal : *Si vis me flere, dolendum est*, m'était littéralement applicable.

Non pas qu'il faille précisément avoir traversé toutes les péripéties dont on se fait l'historien, ni remplacer partout et toujours l'imagination du poëte par la mémoire de l'homme éprouvé.

Non ; mais toutes les douleurs sont sœurs. Et quiconque a eu sa vie labourée par cette dure charrue de la souffrance, quiconque a reçu en pleine poitrine l'une de ces flèches dont la morsure est incurable à tout autre qu'au grand médecin, celui-là peut écrire : il connaît le cri de l'âme, parce qu'il l'a poussé une fois et que ce cri ne s'oublie jamais. En proie à une de ces angoisses qui seraient le désespoir chez tout autre que chez un chrétien, quand il peint d'autres tortures, il se souvient de la sienne. Sa voix a cet accent navré que ne devineront jamais ceux qui n'ont pas senti au fond de leur cœur ce mystérieux couteau du sacrifice par lequel il semble que Dieu veuille marquer les siens.

Ce qui me manquait, combien il était facile au Maître des événements de me le donner! Je ne le savais pas alors; et, malgré tout mon désir de m'élever plus haut, d'atteindre enfin à cette œuvre qui devait marquer, peut-être eussé-je reculé, si j'eusse appris combien cette ascension se devait payer cher.

Je n'y avais pas même songé!

Dieu y songea pour moi.

Je me trouvais trop de bonheur pour un.

— Si je me mariais, me dis-je un jour.

Je me mariai. Je fus béni au delà de mes espérances. Je ne sais si je communiquai quelque chose du trop plein de ma félicité à l'ange qui voulut bien unir sa destinée à la mienne. Mais ma joie à moi fut décuplée.

Cela dura cinq ans.

J'avais trois enfants....

Une épidémie passa sur le petit village où nous cachions notre bonheur, et cette épidémie me prit, en deux jours, ma femme et mes trois enfants.

Quand je les eus tous quatre conduits au cimetière

et que je rentrai dans mon logis vide, je compris toute la vanité des joies humaines.

— Il y a cinq ans, me dis-je, j'étais seul ici. Puis j'ai eu une compagne, puis trois chérubins en qui revivaient ses traits angéliques. Dieu m'a enlevé ces trésors. Que son saint nom soit béni! Mais ma vie est finie, et mon cœur brisé pour jamais. »

Pendant un mois, je demeurai dans une sorte de léthargie. Puis l'abbé Ludolf, qui, je ne sais comment, se rencontra dans ma route, me fit de sages représentations.

— Après tout, me dis-je un jour au sortir d'un long entretien avec l'homme de Dieu, nous ne sommes pas ici pour être heureux, mais pour travailler. A la besogne, Pylade! le travail est un devoir; même en un cœur meurtri comme le mien, il devient presque une douceur. Il distrait de la douleur. »

Je me remis donc à écrire.

. . . .

J'ai connu jadis un artiste de grand mérite, mais un peu froid. Un jour il tomba gravement malade, et fut, pendant plusieurs semaines, ballotté entre la vie et la mort. Quand, sauvé définitivement, il reprit son archet, une étrange transformation s'était opérée en lui. Son jeu avait acquis quelque chose de lumineux et de vibrant qu'on y eût en vain cherché autrefois. Et quand on l'interrogeait sur ce « je ne sais quoi, » il répondait, avec cette naïve mysticité allemande,— il était de Manheim : — « J'ai vu la mort; là est le secret de la vie. »

Telle fut à peu près mon histoire.

Les premières pages que j'écrivis après cette effroyable douleur étaient calmes, mais empreintes d'une grandeur, d'un mouvement, d'un dramatique qui m'étonnaient moi-même.

Il me semblait que j'écrivais sous la dictée d'un autre, et que cet autre c'était tantôt Dieu lui-même, qui m'avait fait boire à la coupe de sa colère, tantôt ces âmes innocentes et pures, maintenant plongées dans la lumière du paradis, ma femme et mes enfants.

Donc, d'année en année, et presque de mois en mois, je montai dans l'estime des vrais juges, et je venais de composer *les Trois Chevaliers*, que tout le public lettré avait salués d'une longue acclamation.

Mes amis étaient contents. J'avais enfin mis la main sur ce beau livre qui devait « faire sensation; » mais à quel prix, grand Dieu!

Cependant M. Buloz était toujours là.

Malgré ses instances, je refusai d'écrire dans sa Revue.

Et lui, malgré sa courtoisie, en s'en allant, il fouetta la porte.

Le bruit me réveilla..... et je me retrouvai Gros-Jean comme devant.

FIN.

LE VAL

DE

LA SAULAIE.

LE VAL DE LA SAULAIE

CHAPITRE Ier.

EN ALLEMAGNE.

I.

L'étrange voyage que nous fîmes en Allemagne, mon père et moi, au printemps de l'année 1817 !

Une affaire d'intérêt, très-bizarre et très-compliquée, nécessita notre présence sur les frontières de la Poméranie, notre comparution devant deux ou trois tribunaux, mainte conférence avec des notaires de Coeslin et de Dantzick, et une foule de démarches de tout genre dont l'énumération me conduirait trop loin.

L'origine de tout cela était, — à ce que je crus comprendre; car on ne me l'expliqua jamais bien nettement, — un testament qu'un de nos parents au quarante-cinquième degré, mort l'année précédente à Posen, avait fait en ma faveur.

« L'oncle d'Allemagne » était puissamment riche, mais plus original encore que riche. Ses actes de dernière volonté le démontraient surabondamment. Aussi, avant de me mettre en possession — du moins mon père et tuteur — des châteaux, hôtels, terres et valeurs de portefeuille qui composaient la succession, il fallait que messieurs les magistrats s'assurassent et de mon identité et de l'accomplissement des conditions imposées par le testateur.

Quelles créatures fantastiques je coudoyai pendant ce séjour en Poméranie, qui dura trois mois à peine! Des êtres que j'avais cru jusque-là n'avoir eu vie que sur les planches de l'Opéra-Comique ou dans la cervelle des Hoffmann... et des Erckmann-Chatrian, ajouterait un conteur moins soucieux que moi de la chronologie : bourgmestres comme dans la *Gazza*, aubergistes à rendre jaloux les landlords de Walter Scott, commandeurs de citadelles taillés sur le patron de ceux à qui le baron de Trenck jouait de si jolis tours, savants mêlés de Faust et de Méphistophélès, blondes jeunes filles qui semblaient éclairées par un clair de lune perpétuel, étudiants, drapiers, hallebardiers, uhlans, commissaires, etc., etc., etc.

Je n'ai passé qu'un trimestre à peine en Allemagne, il y a de cela un demi-siècle tout à l'heure. Ce séjour m'a suffi pour que l'Allemagne ne me fût jamais étrangère. Je me figure parfaitement tout ce que je lis de réel ou d'imaginaire sur ce pays de si ronde bonhomie et de mélancolie si éthérée.

J'ai conservé non-seulement dans mon imagination, mais dans mon cœur, une place on ne peut plus honorable pour la vieille Allemagne.

Et, quand j'y pense, il faut vraiment que j'aie l'esprit bien fait pour avoir gardé cette impression finale d'une expédition dont l'issue laissa tant à désirer. Car j'oubliais de vous dire que cette question si embrouillée de mon héritage finit par se dénouer toute seule, le plus simplement, presque le plus ridiculement du monde.

La veille du jour où j'allais pouvoir appeler miennes toutes les propriétés et valeurs ci-dessus énumérées, maître Hans Specker, le notaire de la succession, produisit un codicille du cousin, codicille autographe et d'une authenticité indiscutable, lequel subordonnait le legs universel à cette indispensable condition que j'embrasserais, dans le délai de quinze jours, la religion luthérienne.

Dieu merci! mon père était un catholique de la vieille roche; et quoique je n'eusse encore que quinze ans, il m'avait inspiré pour la sainte Eglise notre mère une tendresse trop vive pour qu'il y eût de ma part, — non plus que de la sienne, — un instant d'hésitation.

Je ne crains pas de le dire, parce qu'il n'y a rien là que de tout simple, rien que l'accomplissement du devoir le plus impérieux, le plus élémentaire... Pour préférer sa mère à des millions, faut-il être un héros? Il suffit d'être un fils.

Mon père et moi, nous nous hâtâmes donc de faire toutes les déclarations requises, afin qu'il demeurât acquis et avéré que nous avions horreur d'une semblable apostasie, et que nous entendions ne pas toucher un fétu de cette succession qu'on voulait nous faire payer si cher.

II.

Ces étranges péripéties, cette fortune princière que nous avions cru tenir et qui nous avait soudain échappé, tous ces personnages solennels, naïfs, bienveillants, et qui, à force de vouloir être sérieux, étaient si près d'être plaisants, tout cela avait vraiment l'air d'un rêve ou d'une comédie.

Le 27 novembre, à dix heures du soir, après avoir soupé copieusement et confortablement à l'hôtel du *Faucon d'argent*, en la bonne ville de Piritz, sur la route de Berlin, nous attendions la diligence. Il faisait froid, il faisait noir..... Assis dans un grand fauteuil de vieux cuir, jadis rouge, tout à côté du poële, je dormais ou je songeais éveillé. Il se faisait dans ma tête une salade de tout ce que j'avais vu, entendu, deviné, entrevu, rêvé depuis six mois.

Tout à coup la diligence arrive.

Elle ne faisait que passer. Elle était pleine. A grand'-peine elle consentit à s'arrêter quelques minutes devant le *Faucon d'argent*, pour laisser aux deux voyageurs et à leur bagage le temps de se hisser sur l'impériale.

Je me blottis dans un coin, et je me mettais en devoir de reprendre mon somme à peine interrompu par ce changement de siége, lorsqu'un violent cahot me réveilla pour de bon... Je sentis se glisser dans mon âme une légère impression d'effroi.

La pluie tombait, non une forte pluie, ni une averse, mais une pluie torrentielle, diluvienne, un vrai cataclysme. Puis le tonnerre gronda au loin, puis il se rapprocha, et nous fûmes bientôt au milieu des éclats de la foudre et d'incessants éclairs.

La diligence n'en cheminait pas moins au triple galop. Quelquefois cependant notre attelage s'arrêtait, comme aveuglé par un de ces longs serpents de feu qui déchiraient le ciel. Le postillon alors fouettait ses chevaux d'importance et ils repartaient avec une sorte de rage.

Je l'avouerai franchement, j'avais tout à fait peur.

Comme je tressaillais et que je me rapprochais du conducteur, mon coude heurta ce que je croyais être un tas de vieilles couvertures de cheval. De dessous ces couvertures, je vis paraître en même temps une face noire et une main blanche.

— Est-ce un nègre, me dis-je, un nègre ganté de blanc, ou un blanc qui porte un loup noir? »

L'être équivoque salua sans mot dire.

Pourtant, un peu plus tard, comme, pour me distraire de l'orage, mon père m'avait mis sur le compte d'un certain chambellan prussien à qui nous avions eu affaire, pour nos péchés, et comme je manifestais le regret de ne pas avoir donné une bonne leçon à cet insolent porte-clef, mon père sentit qu'une moutarde rétroactive me montait au nez.....

Il me donnait quelques sages conseils sur la nécessité de maîtriser la violence de mon humeur, lorsque l'homme au loup noir prit la parole.

Je ne saurais vous dire combien je fus ébahi en l'entendant parler français.

— Messieurs, dit-il, je ne suis ni une bête, ni un nègre, comme cette face de noire apparence pourrait vous le faire supposer... Je suis pire assurément, car je suis un assassin. »

Instinctivement, nous nous reculons.

— Ne craignez rien, dit-il, je ne suis pas un assassin de profession... Je n'ai assassiné qu'une fois dans ma vie..., mon meilleur ami. »

III.

Cette explication n'étant pas précisément rassurante, nous portâmes la main « le long de la couture de la culotte, » comme dit « l'école du soldat, » pour sentir si nos pistolets de poche étaient à leur place.

— Depuis près de dix ans, reprit notre compagnon, j'ai fait un double vœu : le premier, de ne jamais sortir sans masque, afin de dérober aux regards des hommes cette face scélérate; puis de dire mon histoire à ceux que je rencontre, chaque fois que ce récit me semblera devoir leur être utile. Honte pour moi, bénéfice pour autrui, n'est-ce pas tout profit?

Vous êtes mes compatriotes, Messieurs. J'entends ici assez d'Allemands parler français pour avoir tout de suite reconnu votre accent de « français de France.» Et l'obligation d'observer mon vœu n'est-elle pas envers vous plus étroite encore, s'il est possible, qu'envers tous autres?

Moi aussi, j'ai été comme ce jeune homme; j'ai eu dix-huit ans. J'ai senti s'agiter en mon cœur la fougue honnête et les généreuses aspirations de la jeunesse. J'appartenais à une famille distinguée. L'avenir ouvrait devant moi ses riantes perspectives... Un crime odieux, — odieux, mais unique, — m'a tout fait perdre, et en quelques instants, m'a plongé dans le plus effroyable malheur qui se puisse imaginer...

N'en croyez pas les poëtes, ajouta-t-il tout à coup en se tournant vers moi...

Quelques crimes toujours précèdent les grands crimes.

Non, souvent le grand crime arrive tout seul et sans

menus crimes qui lui aient servi d'avant-coureurs. Du moins, j'entends les crimes extérieurs, ceux que la justice humaine connaît et réprime. En parlant un langage plus philosophique et plus chrétien, Racine avait raison.

Quand un de ces forfaits qui excitent une horreur universelle et qui, sur le front du malheureux qui les a commis, impriment le signe de Caïn, quand un de ces crimes éclate, comme un coup de foudre, dans un ciel sans nuages, c'est qu'il a été précédé de crimes intentionnels ou virtuels, si vous voulez me permettre ces expressions métaphysiques. C'est que ce cœur qui vient de se révéler au dehors par cette abominable explosion avait en lui tout un volcan de soufre et de lave, volcan assoupi longtemps, mais que la moindre étincelle suffisait pour rallumer soudain... Cet empoisonneur, cet incendiaire, cet assassin, ce parricide peut-être, avait longtemps couvé dans le fond de son être l'envie ou la colère..... Il était ce que les Latins appellent *impos sui*.

Ç'a été mon histoire, du moins.

Croyez-moi, jeune homme, les conseils que monsieur votre père vous donnait tout à l'heure, en voyant votre velléité d'emportement contre ce pied-plat de chambellan, ces conseils ont plus d'importance que vous ne pensiez, peut-être qu'il ne pensait lui-même. Défiez-vous de la colère : un homme violent est, à un moment donné, capable de tout.»

Puis il commença son récit.

IV.

Je voudrais être un grand écrivain pour peindre avec ma plume tout ce que j'éprouvai en écoutant cette histoire, — histoire terrible par elle-même et tout aussi impressionnante que bien des causes célèbres.

Mais une chose décuplait, pour ainsi dire, l'effet de ce récit. Tandis que, les pieds sur vos chenets, ou vous promenant à pas capricieux à travers les allées sablées d'un beau parc, vous lisez tranquillement les procès Fualdès, Papavoine, Lafarge ou Lacenaire, — ici c'était le héros lui-même qui était son propre historien...

Il y avait vingt ans et plus que s'était jouée, sans témoins presque et sans échos..., cette émouvante tragédie. Nous étions à six cents lieues du tranquille vallon qui en avait été le théâtre. L'homme au masque noir la racontait pour la centième fois peut-être. Et pourtant, à mesure qu'il avançait dans son récit, son émotion devenait plus vive. Sa voix tremblait, et l'on ne savait s'il fallait attribuer ce tremblement aux larmes du repentir ou à cette terreur involontaire qu'il nous communiquait d'autant plus sûrement qu'il en était lui-même plus pénétré, plus *possédé*.

Puis le cadre au milieu duquel, acteurs et auditeurs de ce lugubre drame, nous nous trouvions réunis, ce cadre, qu'il était bizarre ! Cette impériale de diligence, cet orage comme on n'en avait point vu de mémoire d'homme, ces coups de tonnerre, ces éclairs, ces soudains tressauts de notre attelage et ce risque de nous voir brisés contre une muraille ou chavirant dans quelque précipice..., quand nous pouvions nous abstraire un instant du récit de notre compagnon et regarder autour de nous, tout cela faisait que nous nous croyions victimes de quelque hallucination, emportés par quelque rêve maladif.

Lorsque, arrivés à Freienwalde, nous quittâmes cet étrange voisin, sans jamais avoir su de lui d'autre nom que ce qui était peut-être encore un nom de guerre, sans que nous dussions jamais le revoir, — revoir son masque, du moins, car nous n'avions pas même entrevu son visage, — nous nous tâtions pour nous assurer que nous étions bien éveillés.

Quoi qu'il en soit, et quand ce ne serait qu'un rêve, il m'a été trop salutaire pour que je ne remercie pas l'Auteur de tout bien de me l'avoir envoyé.

CHAPITRE II.

SOUVENIRS D'ENFANCE.

I.

L'homme au masque noir commença donc en ces termes :

— Si le bonheur était quelque part sur cette terre, il y a une soixantaine d'années, c'était bien au « Val de la Saulaie. »

Le Val de la Saulaie, situé dans un des districts les plus pittoresques du centre de la France, n'était pas, à proprement parler, un bourg, ni même un village : c'était un tout petit hameau dépendant de la petite ville d'Aigues-Vives. Cinq ou six chaumières de paysans et deux habitations bourgeoises, demi-fermes et demi-villas, formaient tout *l'écart*, comme disent les facteurs.

Mais ce qui remplaçait avantageusement les rues et

les carrefours, c'était une luxuriance de végétation et une variété de jolis points de vue, de nids charmants, de promenades comme un peintre ou un poëte les eussent rêvés, de ruisseaux, de prairies, de collines, de bois pleins d'ombre où gazouillent les oiseaux, où gambadent les écureils, où l'on cueille la fraise au printemps et la noisette en septembre..., un fouillis, en un mot, de merveilles cachées, dont pas un guide n'a jamais parlé, que presque pas un touriste n'a visitées, et qui n'en étaient que mieux savourées par les deux familles heureuses qui étaient venues s'y fixer au commencement de la seconde moitié du XVIIIe siècle.

Le bonheur est un oiseau rare. On se demande souvent pourquoi si peu d'hommes parviennent à lui mettre sur la queue ce petit grain de sel sans quoi il s'envole toujours loin de nous.

Cela tient à plusieurs causes.

La première, sans doute, c'est que la félicité parfaite n'est point le lot de cette vie, et qu'il entre dans les desseins de la divine Providence de nous rendre plus désirables les joies et le repos du siècle à venir par les amertumes et les déboires de celui-ci.

Pourtant, il n'est que juste de remarquer que, la plupart du temps, nous sommes les auteurs de notre propre infortune, soit parce que nous poursuivons avec acharnement ce que nous croyons être la félicité et ce qui n'en est tout au plus que l'ombre, soit parce que nous oublions de nous baisser et de ramasser ce facile bonheur qui est à nos pieds..... Nous sommes ambitieux et nous sommes maladroits!

Telles n'étaient pas les deux familles dont je vous parle. Elles acceptaient le sort que la Providence leur avait fait, et elles trouvaient dans une vie simple plus de contentement que n'en ont jamais connu les potentats et les millionnaires.

L'amour de Dieu et l'amitié aidant, il y avait au Val de la Saulaie une plénitude de bonheur et comme un débordement de joie... Sans mon crime, hélas! tout cela peut-être durerait encore...

Mais je m'aperçois que je parle pour moi seul, et que je ne vous ai pas encore présenté mes personnages.

II.

MM. Le Chardonnet (Edmond et Gustave) étaient deux cousins germains, élevés ensemble et qui s'aimaient comme deux frères.

Leur fortune était mince; mais leur amour du devoir et du travail y suppléait. Quand ils furent en âge de choisir une profession, l'un se fit militaire et l'autre magistrat. A trente ans, le premier était capitaine de cavalerie et le second juge au présidial de Bourges.

Ils étaient mariés et avaient, l'un et l'autre, quatre ou cinq enfants.

Un beau jour, ils apprirent qu'ils héritaient, chacun par moitié, d'une vieille tante qu'ils n'avaient jamais connue. Cette aubaine inespérée apportait aux deux cousins une honnête aisance.

La femme de Gustave et la fille aînée d'Edmond étaient d'une constitution délicate. Pour celle-ci le séjour des villes, pour celle-là cette fatigante vie de garnison constituaient évidemment de très-mauvaises conditions hygiéniques.

Du moment que MM. Le Chardonnet ne furent plus rivés à la toge ou à l'épée par cette terrible nécessité du pain quotidien, ils entrevirent tous deux la possibilité de se retirer à la campagne. Là peut-être ces chères santés ébranlées se remettraient ; là il serait bien plus facile d'élever tous ces jeunes enfants. Cette vie large et facile des champs laisserait à l'ex-officier et à l'ex-magistrat, bien mieux que leurs maigres appointements de juge et de soldat, de quoi mettre de côté pour doter les filles, surtout de quoi faire la charité... Ne pas faire la charité, ne la faire du moins que d'une main parcimonieuse, c'avait été la grande douleur de ces âmes généreuses.

D'ailleurs, tous deux, dans leur première jeunesse, avaient connu la vie rurale et ils se sentaient parfaitement capables de mener de front les soins d'un important *faire-valoir* et cette autre culture dont leurs fils et leurs filles allaient être l'objet.

III.

Laissons de côté, si vous le voulez, les chefs de ces deux familles et la plupart des enfants, et occupons-nous seulement de deux d'entre ceux-ci, Savinien, dernier fils du magistrat, et moi, dernier fils du capitaine, moi que nous appellerons Jude, pour ne pas dire Judas, pour y penser cependant.

Savinien et moi, nous étions nés au Val de la Saulaie, à huit jours de distance.

Nos mères, qui s'aimaient tendrement l'une l'autre, nous aimèrent aussi presque également. Comme Paul et Virginie, souvent nous couchâmes dans le même berceau. Continuellement la mère de Savinien m'allaitait et ma mère donnait le sein à mon ami.

Je dis « mon ami, » parce que, bien avant de savoir parler, nous manifestions l'un pour l'autre une véritable passion. On ne nous appelait pas autrement que « les deux inséparables, » et on était sûr de plaire à nos parents, en leur faisant remarquer cette jeune amitié.

— Notre tendresse mutuelle revit en ces chers derniers-nés, disaient-ils, quand ils nous voyaient jouer ensemble sans que jamais un mouvement d'humeur se manifestât entre nous; faire ensemble, l'un sur l'autre appuyés, nos premiers pas, nous caresser avec cette grâce inimitable de l'enfance, essayer nos langues naissantes par les doux noms de frère et d'ami.

A mesure que nous grandissions, notre intimité ne faisait que s'accroître.

Je me souviens que ma première colère fut contre un petit garçon qui faisait semblant de battre Savinien; ma première douleur, le jour où je vis Savinien grondé par son père; ma première maladie, — une maladie de chagrin, — un soir que Savinien s'était perdu dans la forêt; pendant plusieurs heures, on désespéra de le retrouver.

IV.

L'amitié, pas plus que l'amour, ne se fonde nécessairement sur la similitude des caractères.

Il était difficile de trouver deux natures plus dissemblables que Jude et Savinien.

Mon ami était la douceur même. J'étais violent comme la poudre.

— Tu es bien heureux de m'avoir, lui disais-je quelquefois. Car tu es un vrai mouton. Sois tranquille, mon pauvre agneau : je serai toujours là pour te protéger. Autrement, on te tondrait jusqu'aux os.

— Tu ferais peut-être mieux de te défendre toi-même contre toi-même, répondait mon placide ami. Prends garde à la colère. Si tu lui lâches la bride, elle s'emportera et t'emportera avec elle, comme un cheval échappé, Dieu sait jusqu'où ?

Nous ne nous quittions pas. A l'école, au catéchisme, nous étions assis côte à côte. Ensemble nous fîmes notre première communion. Ensemble nous suivîmes, quand nous eûmes quinze ans, la classe que nous faisait le père de Savinien.

V.

Savinien n'avait pas tort quand il m'engageait à me défendre contre moi-même.

J'étais encore presque un enfant, et déjà plus d'une déconvenue, — pour ne pas employer un mot plus grave, — m'avait montré les tristes conséquences de ce caractère violent et impétueux que je ne cherchais pas à maîtriser.

J'eus un bras cassé en luttant contre un garçon de ferme qui, sans penser à mal, s'était permis je ne sais quelle plaisanterie contre les juges. Je crus qu'il faisait allusion au père de Savinien, ancien magistrat, comme je l'ai dit, et je provoquai le paysan. Celui-ci, en se défendant seulement et par l'effet involontaire de sa force herculéenne, me rompit un membre, comme j'aurais, moi, plié en deux un brin d'herbe.

Une autre fois, pour je ne sais quel motif plus futile encore, je me pris de querelle avec quelques jeunes gens de la ville. L'un d'entre eux fut blessé; la chose alla jusque devant la justice criminelle, où les supplications de cet honnête jeune homme et mon sincère repentir, — peut-être aussi les démarches du père de Savinien auprès d'anciens collègues, — me valurent l'indulgence des magistrats et quinze jours seulement de prison.

Enfin, quand nous fîmes notre droit à Toulouse, j'eus un duel où je faillis laisser mes os. C'était contre un camarade qui avait traité Savinien de *poule mouillée*.

. . . .

Tout cela ne m'empêchait pas d'être tendrement aimé de toute la petite colonie du Val de la Saulaie.

— Jude a la tête bien près du bonnet, disait ma mère, mais quel cœur d'or ! Cela vaut mieux que ces petits messieurs bien rangés qui ont l'âme sèche... Il faut le marier de bonne heure, ajoutait-elle ; cela le calmera.

— Nous n'aurons pas de peine à lui trouver une femme, disait Savinien. Où est la jeune fille qui ne s'estimerait heureuse d'associer sa vie à cette âme ardente ? »

J'entendais faire de moi ces éloges, et ma conscience ne les démentait pas. Je sentais que j'avais le cœur bon, tendre et libéral, et, malgré ma tête chaude, pas plus de fiel qu'un pigeon. Je méprisais les choses basses et les idées étroites. Tout ce qui était élevé, tout ce qui était grand m'attirait... Dieu surtout, et ce par quoi Dieu se communique à nous ici-bas, la religion. Je pratiquais régulièrement mes devoirs de chrétien. Quand je m'étais abandonné à quelques accès de colère, j'en avais un repentir sincère.

Hélas! pourquoi ne travaillai-je pas résolûment à me vaincre? Pourquoi les miens ne m'en firent-ils pas un devoir? Pourquoi ne me répéta-t-on pas qu'en vain je pouvais avoir reçu du Ciel toute sorte de qualités fortes et charmantes, que ce seul défaut non combattu finirait par envahir mon âme tout entière, et me mènerait peut-être un jour à quelque catastrophe qui empoisonnerait à tout jamais ma vie.

Bien loin d'agir, bien loin d'être dirigé dans ce sens, je considérais mes instincts colères presque comme un mérite, comme une conséquence du moins d'un très-précieux mérite.

— Je suis vif.... C'est que je suis brave....»

Même ces bouffées de violence ne déplaisent pas à mon père.

— Il a du sang de soldat dans les veines, disait-il avec un certain orgueil.... Savinien, le doux Savinien est bien gentil. Mais on sent que son père a porté la robe. C'est tout comme une demoiselle.... Parlez-moi de mon brave Jude, la providence des faibles et des petits, la terreur des méchants et des lâches!....

CHAPITRE III.

MA COUSINE BERTHE.

I

Nous avions vingt-cinq ans, Savinien et moi, et nous étions très-sérieusement associés au « faire valoir » de nos parents, quand notre colonie du *Val de la Saulaie* s'augmenta de deux hôtes importants.

Un de nos parents très-éloignés, ayant ouï parler de notre agréable installation, et des avantages matériels et moraux que nous tirions de cette vie rustique, fit accommoder en maison bourgeoise la plus grande des chaumières de la vallée et vint s'y fixer avec sa fille, tout récemment sortie de chez les Visitandines de Saint-Amand.

J'ai dit que la famille de Savinien et la mienne étaient, sauf quelques paysans logés dans des cahutes, les seuls habitants de la Saulaie. L'arrivée de notre cousin Carcenac, — c'est ainsi qu'il s'appelait, — fut donc saluée par une allégresse unanime. Le cousin avait avec mon père et le père de Savinien une foule de souvenirs communs; ils avaient été tous trois à la même école, puis au même collége.

Quant à mes sœurs et celles de Savinien, leur joie fut extrême d'avoir une compagne de plus, et une compagne aussi charmante que ma cousine Berthe.

« Ma cousine Berthe, » je l'appelai tout de suite ainsi, heureux d'avoir déjà un lien avec elle.

Tout de suite aussi, je rêvai un lien plus étroit.

II

Je ne sais si je dois essayer de vous esquisser le portrait de ma cousine. Ma vieille main aura-t-elle conservé des touches assez délicates pour représenter quelques traits de cette figure angélique?... Si vous trouvez ma peinture maladroite, n'accusez que mon pinceau. Car je sens au fond de mon cœur, — malgré quarante ans révolus, — cette image aussi fraîche que le premier jour; et si je pouvais la refléter en un miroir et vous la présenter telle que la voient mes regards intérieurs, vous aussi vous seriez émerveillés.

Avait-elle les yeux noirs ou bleus? les cheveux blonds ou bruns? le nez aquilin des Romaines ou le petit nez mutin des marquises Pompadour? le visage rond ou ovale? Etait-elle petite ou grande? Cela sans doute vous importe peu, et à moi aussi, du moins en ce moment. C'est son âme surtout que je voudrais vous faire voir.

Qu'il vous suffise donc d'apprendre que ma cousine Berthe était charmante.

Mais chacun a, parmi ses qualités, une qualité mère, ce qui fait sa physionomie particulière et comme son signe distinctif.

Quand je vous aurai dit que Berthe était pieuse comme un ange, douce comme une colombe, vive comme une alouette, d'une bonté, d'une complaisance, d'une compatissance, d'une charité à toute épreuve, et par-dessus tout d'une admirable simplicité, j'aurai dessiné le profil de plus d'une jeune fille, et vous vous direz peut-être, à part vous : « C'est Blanche, c'est Thérèse, c'est Marthe, c'est Geneviève. »

Le trait caractéristique de Berthe, le lien, le couronnement, le charme et comme la perfection de ses qualités, c'était la mesure, — non point mesure dans le sens de limite, mais dans le sens d'harmonie, d'accord, de rhythme... Toutes ses qualités étaient comme autant de notes si bien liées et rattachées les unes aux autres, que de leur union résultait un ensemble parfait, et qui ravissait les oreilles et les yeux et les cœurs.

C'était tout le contraire chez moi ; je n'avais que des qualités brisées : mon âme était comme une lyre détendue qui ne rendait plus que des sons discordants, ou comme une harpe dont les cordes trop tendues au contraire ne pourraient manquer de se rompre sous la première main qui les aborderait.

Aussi Berthe était toujours en paix, tandis que, au fond de mon âme, je sentais une guerre et une révolte perpétuelles.

Comme le marin ballotté par la mer rêve le calme et les délices du port, il me sembla tout de suite que mes tempêtes avaient besoin de cette paix, mon aquilon de ce zéphyr, mes ondes troublées de ce souffle rassérénant... Berthe, souverainement charmante et souverainement aimable pour tous, serait encore pour moi souverainement salutaire.

Elle ne devait avoir qu'une bien petite dot. Je m'en réjouissais, en pensant que, du moins sous le rapport de la fortune, je serais pour elle « un parti avantageux. »

Je priai mon père de la demander au sien pour moi.

Le cousin Carcenac ne dit ni oui ni non. Mais sans m'agréer comme un prétendu officiel, il m'autorisa à continuer de la voir, ce que d'ailleurs rendaient tout naturel notre parenté et l'intimité de mes sœurs avec Berthe.

Pourtant, après un mois ou deux, mis en demeure, le père de Berthe répondit à mon père :

— Je ne veux pas laisser Jude plus longtemps en suspens. Qu'il ne pense plus à ma fille. Elle est promise à Savinien, dont le caractère égal convient mieux à Berthe que l'humeur emportée de Jude.... au mérite duquel elle rend d'ailleurs, ainsi que moi, amplement justice.

III

Je ne dis rien à mon père quand il me rapporta cette décision. Mais j'allai, furieux, faire une scène à Savinien.....

Il demeura tout consterné..... C'était la première fois que je le querellais..... je m'étais mille fois querellé pour lui.

Quand il eut recouvré ses esprits, il me fit remarquer tranquillement que, si je lui avais confié mes projets, il ne se serait pas mis sur les rangs ; que j'avais si bien caché mon jeu qu'il ne s'était douté de rien. C'était l'avant-veille seulement qu'il s'était décidé à faire faire une démarche par son père.....

A ce moment, il me sembla voir sur le visage d'ordinaire si paisible de mon ami les traces d'une violente lutte intérieure.

Cela dura deux minutes à peine. Il reprit :

— D'ailleurs, mon cher Jude, je me mets tout à fait à ta discrétion..... Je t'aime trop pour supporter l'idée que mon bonheur te rendrait malheureux.... Dis donc un mot, seulement, et tout de suite je pars, pour deux ans, pour trois ans, s'il le faut..... Je vais en Piémont étudier les rizières, ou en Amérique la culture des cotons..... »

Je sentis que je ne pouvais accepter.

— Mariez-vous, dis-je furieux, et je me sauvai.

Savinien ne se crut pas tenu en conscience à insister pour que j'acceptasse sa proposition. Il était fort épris. Il sentait bien qu'en se retirant il eût sacrifié son bonheur, peut-être celui de Berthe, sans assurer le mien... Il avait plus d'un motif de penser que Berthe ne consentirait jamais à être ma femme.

IV.

Cependant, que devais-je faire, en attendant le mariage de mon ami et de ma cousine?

Travailler à me calmer, à m'adoucir; considérer froidement que je n'avais à me plaindre ni de Savinien ni de Berthe, qu'il y avait là une leçon dont je devais profiter : évidemment, mon premier titre à cette exclusion qui m'était si dure, où le trouver ailleurs que dans mon irascibilité bien connue, qui avait effrayé cette douce enfant?

Je devais multiplier mes conversations sérieuses, aborder franchement la question avec mon père, solliciter son appui contre moi-même. Ou, si je craignais que mon père ne comprît pas ce soudain revirement qui me faisait voir enfin sous un jour odieux cette chaleur de sang dont j'avais été si fier, que ne me jetais-je dans les bras de ma mère? Est-il une douleur de fils pour laquelle une mère ne possède quelque cordial puissant? Ma mère eût joint sa voix à la voix de la raison qui me disait tout ce qui précède et que je n'écoutais guère. Elle eût appuyé les protestations de ma conscience que je travaillais à étouffer. Elle m'eût poussé du côté du presbytère, que je fuyais obstinément depuis que le serpent de la jalousie s'était logé chez moi. Une fois aux prises avec le médecin de mon âme, j'étais à moitié guéri... Je me fusse décidé à voyager, à chercher femme ailleurs peut-être... Berthe n'était pas la seule; et qui ne sait que le meilleur remède à ces flammes soudaines qui s'élèvent dans le cœur des jeunes gens, c'est une flamme nouvelle?

Voilà quelque chose de ce que j'aurais dû faire.

Je fis tout le contraire.

Je vis Berthe le plus que je pus. Je cherchai d'autant plus à la voir que, — soit perspicacité féminine, soit confidence de Savinien, — elle paraissait, malgré mon obstiné mutisme, deviner non-seulement mon amour pour elle, mais cette jalousie, cette haine, cette fureur, ce vertige de passions contraires dont j'étais possédé. Je lui faisais peur, et elle me fuyait autant que cela lui était possible sans risquer de me blesser ou d'attirer sur nous l'attention de nos familles...

Un orage s'amoncelait dans mon cœur, je le sentais, et bien loin de m'enfuir à tire d'aile de cette atmosphère chargée d'électricité, je semblais, comme un oiseau de tempête, l'aspirer et m'y complaire par avance.

Cet état violent parut à mon père et aux miens une crise qui passerait, comme plus d'une fois déjà cela m'était advenu...

Le père de Savinien, le plus habile observateur de notre petite colonie, seul ne s'y méprit point.

Il voulut avoir un entretien avec moi ; et, comme je ne répondais que par un silence boudeur ou d'insignifiants monosyllabes à son amical interrogatoire, il me prit affectueusement la main, me regarda dans le blanc des yeux avec une expression tendre et sévère à la fois : je crus voir le regard même de Dieu, ce regard où la justice et la miséricorde se mêlent dans d'ineffables proportions, regard de roi, de père, d'ami, de juge.

— Prends garde, Jude, me dit-il, prends garde, la colère mène à tout. »

Hélas ! hélas ! que n'ai-je pris garde !

Dans une nature violente comme la mienne, les sentiments ne peuvent guère demeurer à l'état purement spéculatif. Ou, par un effort de la volonté, ces sentiments mauvais sont domptés ; et c'est le triomphe des saints. Ou bientôt quelque occasion se présente, futile en apparence... mais terrible... C'est l'étincelle. Les sentiments vont se convertir en actes... Les nuages amoncelés vont produire la foudre... Vous n'étiez, hier encore, qu'une mauvaise tête, un mauvais coucheur ; demain, vous serez peut-être un assassin !...

V.

Quelle nuit, que celle du 15 novembre 1778, Messieurs! C'est tout au plus si celle-ci peut vous en donner une idée.

Celui qui ne veut plus chercher la paix à la source bénie où tant de fois il l'a puisée, cherche souvent un enivrement étrange. Il veut qu'au lieu de se calmer et de s'assoupir, les sentiments qui le tourmentent prennent une monstrueuse énergie, et lui apportent je ne sais quelle volupté sauvage qui côtoie de bien près les frontières de la folie.

Ainsi, par cette pluie et cet orage si violents qu'il semblait que le feu et l'eau combattissent à qui amènerait le plus vite la destruction du globe, j'errais dans la forêt comme un insensé, les cheveux au vent, les vêtements trempés de pluie, et je sentais à peine, j'entendais, je voyais à peine ces terribles phénomènes au milieu desquels je me mouvais.

J'étais tout entier à mon drame intérieur. Là aussi, il se passait comme une lutte suprême.

La pensée de Dieu, du devoir, de la vie éternelle et de ses infaillibles rémunérations, ces pensées dont avait été nourrie mon enfance, qui faisaient le fond de mes croyances et de ma vie, et auxquelles j'adhérais plus étroitement, s'il est possible, qu'aux plus incontestables axiomes mathématiques, ces pensées parurent les premières... Elles furent impitoyablement chassées, comme l'homme qui veut commettre quelque action honteuse a soin d'éloigner le regard des enfants.....

Mon ancienne amitié pour Savinien, mon amour pour Berthe, je m'étonnai presque qu'ils osassent se présenter à la porte de mon cœur, tant étaient farouches et sanguinaires les passions qui les avaient remplacées, la colère, la jalousie, la haine, la soif de vengeance... Si tout à coup mon ami et sa fiancée se fussent offerts à ma vue, je les eusse poignardés sans sourciller... Et il me semblait, — tant la bête, la bête sauvage, est toujours vivante au fond des cœurs qui se croient le plus généreux, quand ces cœurs se livrent à l'esprit du mal, — il me semblait qu'à égorger ensemble Berthe et celui qui allait être son mari, j'éprouverais un bonheur inexprimable!...

CHAPITRE IV.

LA FIOLE.

Le diable était dans mon cœur.

En rentrant à la maison, j'appris que Savinien était malade, et j'en ressentis une joie infernale.

Comment, en passant dans le corridor qui mène à ma chambre, me souvins-je tout à coup d'une armoire que l'on n'ouvre pas deux fois par an, et d'une planche que l'on ne peut atteindre qu'en montant sur une chaise, elle-même posée sur une table, et d'une fiole qui se trouve sur cette planche, fiole pleine d'un poison très-actif?

Il n'y avait quasi personne à la maison; je pus prendre la fiole... et, tout en frissonnant, je la serrai dans la poche de ma redingote.

J'allai chez Savinien.

Là aussi Satan était à son poste... non dans le cœur de mon ami, cœur pur et limpide comme l'âme d'un nouveau baptisé, mais dans la chambre du malade. Satan y avait fait le vide.

Six heures du matin venaient de sonner; il ne faisait pas encore jour. L'orage continuait.

Savinien dormait légèrement. Je le réveillai en entrant. Il reconnut mon pas.

Il se tourna du côté du mur pour éviter cette clarté flamboyante qu'à travers les volets bien fermés les éclairs allumaient soudain dans la chambre.

— Jude, me dit-il, j'ai été très-souffrant cette nuit. Le médecin est venu; il m'a trouvé sérieusement entrepris, quoique pas dans un danger immédiat. Il ne doit revenir que ce soir, dans douze heures, appelé qu'il est à six lieues d'ici, pour la meunière du *Moulin-Blanc*, qui se meurt. »

Et comme je ne répondais pas :

— Jude, m'entends-tu?

— Oui, répondis-je d'une voix étranglée.

— Eh bien! tu vois sur la veilleuse cette petite théière ronde. C'est là qu'est ma tisane. Verses-en dans le gobelet d'argent, et mêles-y de ce sirop de gomme qui est auprès. Tu me l'apporteras... »

Et, comme il m'entendait lui obéissant :

— Merci, cher ami, de faire ainsi auprès de moi l'office d'infirmier. J'ai renvoyé dans son lit cette pauvre Euphémie, qui tombait de sommeil... As-tu bientôt fini?

— Oui, mon chéri, lui dis-je, pendant que je suivais de point en point ses instructions, sauf que j'ajoutai au sirop de gomme une goutte de la liqueur scélérate que je portais dans ma poche.

J'approchai le verre de ses lèvres; il le but d'un trait.

Puis, me regardant pour la première fois, il vit ma face livide, mes yeux injectés de sang, mes vêtements trempés d'eau et souillés de boue, — je n'avais pas pris le temps de changer; — il vit l'affreuse contraction de mon front...; je devais avoir l'aspect horrible et hébété d'un condamné à mort au moment de sa dernière toilette.

— Qu'as-tu donc, Jude? dit-il effrayé.

Il avait à peine prononcé ces mots qu'il ressentit d'atroces douleurs.

Il allait crier, appeler du secours. Mais, arrêtant de nouveau son regard sur moi, et me voyant, sous ce regard inquiet et candide à la fois, pâlir encore, rougir, trembler, chercher et ne pas trouver même deux mots de pitié, Savinien m'attira vers lui. Il me prit les deux mains. L'affreuse vérité lui était soudain apparue, mais, avec elle, était entrée dans son cœur une pensée sublime... Il eut la force non-seulement de la concevoir, mais de l'exécuter.

O martyr admirable de l'amitié! je devais baiser tes pieds, et après avoir obtenu ton pardon et celui de Dieu, expirer devant toi de honte et de remords. »

Le narrateur s'arrêta... Sa voix était brisée par les sanglots... Soulevant son masque, il eut grand'peine à étancher avec son mouchoir les larmes brûlantes et la sueur glacée qui se mêlaient sur son visage.

Pourtant il fit un effort et continua :

« Savinien m'avait donc attiré vers lui.

— Jude, me dit-il, je me sens plus mal. Va me chercher le curé et le notaire. »

Le remords me déchirait de ses ongles de fer. Comme presque toujours, la passion, à peine satisfaite, se tournait en aiguillon.

« Comment avais-je pu commettre un pareil crime ? Mais j'étais fou ! Mais j'aimais Savinien ! Mais je l'aimais plus que ma vie ! Mais que m'importait qu'il dût épouser Berthe ? Que me faisait Berthe ? Est-ce qu'un misérable comme moi était fait pour se marier ?

Et, dans mon égarement, j'accusais Dieu de ne m'avoir pas arrêté violemment sur le bord de l'abîme. J'oubliais que moi-même j'avais chassé avec rage la pensée de Dieu. Dieu ne pouvait-il pas faire un miracle pour sauver Savinien de la mort, pour me sauver, moi surtout, d'un tel crime ?

Perdu dans ces pensées, je ne bougeais pas. J'allais me jeter aux pieds de mon ami et tout lui avouer.

— Dépêche-toi, me dit-il ; le temps presse. »

Je partis.

Dix minutes après, je ramenais le prêtre et le notaire.

CHAPITRE V

LA VENGEANCE DE SAVINIEN

I

Il faut vous dire, pour la pleine intelligence de ce qui précède, — car, lorsque je raconte mon infamie, l'horreur que j'ai de moi-même fait que je brouille souvent les choses et que j'oublie des circonstances essentielles, — il faut vous dire qu'à cette époque la mère de Savinien était morte depuis trois ans. Nos deux pères et ma mère avaient quitté la Saulaie pour une huitaine, appelés dans le nord de la France par une importante affaire d'intérêt.

Savinien et moi, nous étions donc tous deux maîtres de maison. Les plus grandes de nos sœurs avaient suivi nos parents. Leurs fils étaient au collége. Restaient donc seulement les tout petits enfants, confiés aux soins des bonnes.

Cependant le curé et le notaire étaient arrivés.

D'une voix claire et assurée, Savinien dicta son testament. Il m'instituait son légataire universel. Savinien n'était pas riche. Outre les objets à son usage personnel, il possédait seulement deux mille livres de rente, du chef de sa mère. Si modeste qu'elle fût, il désirait que sa petite fortune me rappelât que j'avais toujours été son meilleur ami et aidât à me consoler du chagrin qu'allait me causer sa mort.

Ce testament, bien et dûment rédigé par le notaire, et commenté par Savinien en présence de nombreux témoins, le tabellion se retira; et, pendant que le curé se préparait à entendre la confession du mourant, Savinien me fit signe d'approcher.

— Mon pauvre ami, me dit-il, en me prenant de nouveau les deux mains, — les siennes étaient agitées convulsivement par des douleurs que l'héroïsme de la charité parvenait seul à dompter, — mon cher ami, mon pauvre ami, je ne croyais pas que la colère pût jamais te pousser jusque-là..... Je t'en conjure, aie pitié de ton âme....

Savinien avait tout prévu pour me sauver. Le médecin ne devait revenir que le soir. Le soir, Savinien serait mort. Le matin déjà il s'était plaint de coliques... Tout à fait en l'air, il parla de champignons qu'il avait mangés la veille. Ces champignons décidément l'auraient empoisonné.

Quand le médecin revint vers l'heure du dîner, Savinien n'était pas mort, mais il allait rendre le dernier soupir.

Il n'y eut, parmi les domestiques, le notaire, le curé, le médecin et quelques paysans accourus autour du lit de mort de « ce bon M. Savinien, » il n'y eut qu'une voix pour accuser les champignons. Notre docteur, — nous l'appelions ainsi par politesse, bien qu'il ne fût qu'officier de santé, — n'était n fort habile dans son art, ni physionomiste très-perspicace. Personne n'eut l'idée de jeter sur moi le moindre soupçon. Mes larmes, mes paroles entrecoupées, mes regards, tantôt farouches et tantôt stupides, et ces crises de tremblement qui ressemblaient à de l'épilepsie, tout cela fut attribué à la douleur de perdre un ami si cher.

Mais j'anticipe encore.

Avant de mourir, Savinien dicta une lettre à son père. Il pria M. le curé de l'écrire.

— Voyez le pauvre Jude, dit-il. Est-ce qu'il en aurait la force ? »

J'étais assis au pied du lit, ma tête dans mes mains.

Cette lettre ne précisait rien au sujet de la cause de la mort. Avec raison, Savinien comptait sur l'impression générale... Quand le père revint, nul ne songea à une exhumation, pas plus que le docteur n'avait songé à une autopsie.

— Je vous recommande Jude, disait Savinien à son son père, Jude, qui m'assiste à ses derniers moments, qui a tant et tant de chagrin de me voir mourir..... »

Il ne disait que trop vrai ; il me semblait que le remords et la douleur allaient m'étouffer. « Je l'institue mon légataire universel. J'espère que vous veillerez à ce que mes dernières volontés s'exécutent en ce point, et soient auprès de ce pauvre ami un témoignage persistant de ma fidèle amitié !....

II

Puis Savinien mourut... Ne me demandez pas, non, ne me demandez pas de vous peindre cette mort... c'est au-dessus de mes forces... Elle est tout entière, pour moi, dans ce dernier regard que m'adressait mon ami; il l'adressait, il le savait bien, à son assassin, et ce regard n'était que tendresse !...

Oh ! Messieurs, qu'il faut que le bon Dieu soit bon pour qu'une si ineffable bonté rayonne dans les regards de quelques-unes de ses créatures !

Savinien avait tout dit au curé... Il avait hésité d'abord à m'accuser, même auprès de ce saint homme. Puis il s'était dit qu'il fallait bien quelqu'un qui me défendît contre le désespoir, qui m'empêchât d'être mon propre dénonciateur, de porter ainsi la honte parmi les miens.

Mes remords étaient trop cuisants, ma douleur trop

poignante pour n'avoir pas besoin de se décharger tout de suite dans un cœur ami... le cœur de Dieu, représenté par celui de son ministre.

— Savinien vous a sauvé, me dit le curé. Du premier coup d'œil il a tout deviné. Il vous demande deux choses en retour. D'abord, que vous sauviez votre âme ; ensuite, que vous ne vous livriez point à la justice. Epargnez ce déshonneur à votre famille. A vous-même, mon fils, il faut une expiation plus longue, plus volontaire, plus intérieure et, si je puis parler ainsi, plus raffinée que celle du bagne. »

Je promis tout ce que voulut le curé.

Seance tenante, je me confessai et je reçus l'absolution.

III

Puis je partis, laissant une lettre à mon père.

« Mon chagrin était trop vif, j'avais besoin de distractions ; je ne pouvais de longtemps revoir les lieux où avait vécu mon ami. Je partais donc pour l'Amérique, où, depuis deux ou trois ans, tant de jeunes Français étaient allés combattre la vieille ennemie de la France, l'Angleterre. J'avais, je crois, méconnu ma vocation en demeurant jusqu'ici dans la vie civile. L'état militaire seul pouvait à la fois utiliser et maîtriser ces emportements qui m'avaient rendu si souvent malheureux, si coupable quelquefois..... »

Les miens cherchèrent à me retenir... Mais je m'étais arrangé pour ne pouvoir être retenu. Les lettres de la Saulaie arrivèrent au Havre, moi parti. Elles vinrent me trouver à New-York. J'étais déjà engagé parmi les volontaires français.

CHAPITRE VI.

IMMORTALE JECUR.

I.

Que vous dirais-je de plus?...

Oh! messieurs, que le poids d'un crime est lourd à porter! Et que ceux-là s'abusent étrangement qui s'imaginent qu'on peut se distraire de cette pensée: « Tu as versé le sang de ton frère! »

Peut-être en se plongeant dans d'autres crimes, en faisant de cette première prévarication un échelon pour descendre plus bas encore dans cet affreux abîme, peut-être parviendrait-on à s'étourdir. Et je crois volontiers que les malfaiteurs de profession, à la fin de leur carrière scélérate, sentent moins vivement la pointe du remords qu'alors qu'ils venaient de commettre leur premier forfait.

Mais, — et que Dieu en soit à jamais béni! — le

remords pour moi, dès ce premier crime, s'était converti en repentir. Ma vie ne devait plus être, — le curé de la Saulaie me l'avait dit, — qu'une expiation... Hélas ! mon Dieu, qu'elle est longue et douloureuse ! Que de fois j'eusse désiré quelque répit à ce supplice de ma conscience indignée et révoltée contre elle-même ! Et ce répit, je ne l'obtins jamais... Une fois seulement je crus y toucher...

En vain je me mêlai aux dernières péripéties des guerres de l'indépendance américaine. En vain j'assistai plus tard à cette terrible insurrection des noirs à Saint-Domingue. En vain, lors des guerres de l'Empire, j'y pris, quoique éloigné de mon pays, une part active ; et dans cette Allemagne où je venais d'arriver, je me crus heureux de pouvoir mettre au service de la France mon épée et mon expérience.

Tous ces grands événements qui bouleversèrent la face de l'Europe et du Nouveau-Monde glissaient sur moi comme le fait le plus banal et le plus indifférent. Je les traversais ainsi qu'on traverse un rêve qui ne laisse après lui qu'une impression fugitive.

La réalité pour moi, c'était ce fait inconnu de tous, et qui n'avait eu que Savinien et moi pour témoins, Savinien, mon ami, que, dans la frénésie de la colère et de la vengeance, j'avais assassiné !

Vingt fois j'affrontai la mort.

Jamais l'idée de me la donner ne se présenta même

à mon esprit. La foi avait repris dans ma conscience son ancienne place, et je savais bien que le suicide tue l'âme en même temps que le corps. Je savais que, pour revoir un jour mon Savinien bien-aimé, pour entrer dans ce ciel dont son ineffable charité lui avait sans doute ouvert les portes toutes grandes, je n'avais d'autre voie que la patience.

Mais, de même que le malade, sur son lit d'épreuves, pousse des plaintes que sa volonté désavoue et qui n'enlèvent rien au mérite de sa résignation, je savais très-bien que j'avais mérité les tortures de mon âme; je n'eusse pas, pour un empire, permis à mes lèvres le moindre murmure... Et cependant, comment retenir les cris que la douleur m'arrachait? Comment m'empêcher de désirer de toutes mes forces qu'un boulet anglais, ou que le poignard d'un nègre, ou que la balle d'un Russe ou d'un Autrichien mît enfin un terme à mes supplices?

Il faut croire que j'avais sur le front le signe de Caïn. Comme d'eux-mêmes, les agents de la mort se détournaient de ma tête criminelle.

II.

Je ne vous ai plus rien dit de mes parents.

Ma résolution de les quitter les avait affligés sans

doute. Mais je savais que le vieux sang guerrier de mon père ne pourrait manquer de tressaillir à la pensée qu'à mon tour j'allais manier l'épée. Quant au père de Savinien, il redoutait toujours ma mauvaise tête, et bien certainement l'idée que je la pliais sous le joug militaire lui plaisait, en fin de compte.

Puis, comme je ne revenais pas et que les années s'écoulaient, mon père et le père de Savinien moururent. Le cousin Carcenac mourut aussi, après avoir marié sa fille dans une province éloignée.

Toutes ces nouvelles me parvinrent au fond de l'État d'Indiana, plus d'un an après m'avoir été écrites par l'aînée de mes sœurs, et dix ans au moins après mon départ de la Saulaie.

Toute la colonie avait quitté le Val. Émilie, qui m'écrivait, occupait la dernière le foyer paternel. Elle-même, sous peu de semaines, allait se marier et émigrer vers l'est de la France.

Ce furent mes dernières nouvelles de la famille. La Révolution, puis les guerres de l'Empire, achevèrent de disperser aux quatre vents du ciel les habitants jadis si paisiblement heureux du Val de la Saulaie. Les communications entre la France et l'Amérique furent à plusieurs reprises interrompues.

Puis survinrent les massacres de Saint-Domingue et toute une série de circonstances romanesques qui me jetèrent en Allemagne.

III.

C'est alors, et vers 1809, que j'éprouvai comme un redoublement de souffrances morales, et qu'espérant calmer un peu mes remords, je fis ce double vœu dont je vous parlai en commençant, de porter un masque noir et de ne jamais reculer devant le récit de mon crime, lorsqu'il me semblerait que ce récit pourrait être utile à quelque âme en péril.

Chaque fois que j'avais raconté cette lamentable histoire, j'avais pris soin de substituer aux véritables noms des personnes et des lieux des noms imaginaires.

Cependant il arriva un jour que, me trouvant à Kœnigsberg, où je faisais je ne sais plus quel commerce, on vint me chercher pour servir d'interprète à un jeune officier français qui, blessé grièvement pendant la retraite de Russie, avait été recueilli par des paysans et amené par eux à l'hôpital de la ville.

L'astre de Napoléon commençait à pâlir, et les puissances allemandes pressentaient déjà la défaite définitive de la France...

Dangereusement malade à l'hôpital, mon officier français était donc une espèce de prisonnier.

Il le sentait. Il sentait en même temps qu'il ne se relèverait peut être pas de ce lit de souffrance. Avant de mourir, — s'il devait mourir, — il désirait vivement voir un compatriote, et le charger pour les siens de ces commissions qu'on n'aime point livrer à des étrangers.

On lui parla de moi. J'allai le voir.

J'avais une certaine habitude des malades.

En souvenir de mon pauvre Savinien, je n'avais jamais négligé une occasion de venir en aide à ces pauvres âmes que les souffrances du corps, leur compagnon, réduisent souvent en un si triste état.

Pendant la guerre de l'Indépendance, plus d'un Français, plus d'un Américain, plus d'un Anglais même m'avait vu à son chevet; je faisais fonctions d'infirmier volontaire, et l'on m'avait surnommé la Providence des mourants.

A Saint-Domingue, j'eus plus d'occasions encore d'exercer ce consolant ministère... Hélas! je consolais les autres et je ne savais me consoler moi-même!

Depuis que j'habitais l'Allemagne, où je menais la vie du Juif-Errant, je n'étais pas plus tôt arrivé dans quelque ville que je me rendais à l'hôpital. Si je trouvais là quelque âme compatissante, surtout un prêtre catholique, je lui disais deux mots de mon histoire, et le suppliais de me laisser exercer auprès de ceux de ses malades qu'il voudrait bien me désigner, — auprès des Français, s'il y en avait dans le nombre, — les fonctions d'infirmier.

En arrivant au lit de l'officier qui a été l'objet de cette digression, je vis d'un coup d'œil que sa tête surtout était entreprise, mais que très-probablement la mort n'avait pas encore frappé à sa porte; il lui fallait du calme. Et si je le laissais d'abord me faire ses confidences et me donner ses commissions, il en résulterait pour lui une émotion et un ébranlement qui pourraient lui être funestes.

Je l'engageai donc à ne pas se hâter, à se tenir en paix. Je viendrais le voir deux fois par jour. Nous causerions de choses et d'autres. Surtout je parlerais et il m'écouterait; car il était bien faible. La parole, la parole émue de celui qui ouvre son cœur et remue ses plus chers souvenirs, serait pour lui une fatigue.

Le jeune homme était docile. Il avait besoin de repos. Le moindre effort lui coûtait, et que d'efforts n'eût-elle pas demandés, cette espèce de confession qu'il méditait?

Il se résigna donc de très-bonne grâce à jouer le rôle d'auditeur. J'avais vu tant de choses dans cette vie cosmopolite que je menais depuis bientôt quarante ans, j'avais assisté de près à tant de révolutions, pris une part active à des guerres si étranges, visité des pays si lointains et des régions si peu explorées... j'étais l'homme qu'il fallait pour bercer et endormir les douleurs du pauvre patient.

Toujours j'arrivais trop tard à son gré; toujours je parlais trop tôt; et Maximin, — c'est sous ce nom que je le connaissais, — Maximin eût voulu que je ne le quittasse jamais.

CHAPITRE VII.

MAXIMIN.

I.

Les plus riches répertoires finissent par s'épuiser.

Un jour je ne savais plus que dire à mon malade.

Lui-même, si patient d'ordinaire, était agacé, irrité. Comme je m'en étonnais, il me laissa entrevoir que si la souffrance ne l'eût cloué sur ce lit d'hôpital, au lieu de cette douceur d'agneau que j'avais louée si souvent, je trouverais en lui non-seulement le plus bouillant courage, — cela n'est jamais de trop chez un officier, — mais une nature violente et indomptée, mais une pente terrible vers les pires excès de la colère.

Cette révélation fut pour moi une bien douloureuse épreuve.

Je m'étais attaché à Maximin par ces liens si forts qui nous lient à ceux pour qui nous avons dépensé

12.

notre dévouement. Je savais qu'en revanche il avait pour moi plus que de la reconnaissance : une très-vive tendresse et une admiration qui touchait à l'enthousiasme.

Eh bien ! mon vœu était là.

Ce doux Maximin, rendu à la santé, serait rendu à tous les dangers, à tous les piéges d'un caractère emporté, ennemi de tout frein. Maximin était évidemment de ceux à qui je devais ce garde-fou de mon histoire.

Quel service lui eussé-je rendu de prolonger ses jours, de charmer les ennuis de sa longue maladie, si à peine rétabli, il allait tout à coup se briser contre un de ces écueils comme celui où s'était accompli mon cruel naufrage ?

— Allons, me dis-je, je suis le phare. Dussé-je me consumer, il faut que j'éclaire.

« Cher Maximin, ajoutai-je tout de suite, pour ne pas laisser refroidir ma bonne volonté, vous n'avez su jusqu'ici, pour ainsi dire, que l'extérieur de ma vie, les circonstances et les aventures au milieu desquelles je me suis trouvé. Mais, moi-même, vous me connaissez à peine. Vous ne savez rien de ma vraie vie, de la vie de mon âme... Elle se rattache tout entière à un fait bien antérieur à tout ce que je vous ai raconté..... »

Et, sans attendre un assentiment dont je ne doutais pas, je me mis à faire à Maximin le récit que je vous aisais tout à l'heure.

C'était la première fois peut-être que, depuis ma résolution prise, ce récit me coûtait; parce que c'était la première fois qu'il s'adressait à un être pour lequel je me sentais une vive tendresse, tendresse que j'allais perdre sans doute en me montrant sous un jour si odieux.

II.

Comment se fait-il que je négligeai alors les précautions si religieusement observées jusque-là?

Comment et le nom du *Val de la Saulaie*, et celui de Savinien, et ce nom pour lequel, depuis trente ans, mes lèvres étaient scellées, le nom de Berthe, comment sortirent-ils tout naturellement de ma bouche?

Quand, en commençant mon récit, je nommai *le Val* pour la première fois, Maximin tressaillit.

J'étais tellement absorbé par mes souvenirs et par la pensée qu'à trente ans de distance mon crime allait encore une fois m'arracher un ami, que ce tressaillement même ne me dit rien. J'y vis seulement une angoisse du malade. Ma pitié pour lui redoubla d'autant, et mon désir de lui rendre, — même au prix de son amitié, — l'éminent service que je méditais.

Je continuai mon histoire.

Maximin m'écoutait avec une attention, un intérêt, une dilatation de pupilles, une passion qu'il n'avait jamais apportée aux récits bien autrement palpitants que je lui faisais depuis quinze jours..... Il semblait attendre quelque chose.

Au moment où je mentionnai le corridor, l'armoire, la planche et la fiole, au moment où ce mot de fiole tomba pour la première fois de mes lèvres, Maximin se dressa sur son séant, comme mû par un ressort.

— Je l'avais bien dit ! s'écria-t-il..., et, accablé par l'émotion, il se laissa retomber sur son lit.

Après un moment de silence, je voulus reprendre.

— Taisez-vous, Jude, me dit-il, taisez-vous ; je sais tout... »

Et il prit la parole à son tour.

« L'année où, après avoir empoisonné Savinien, voue quittiez le Val, la sœur aînée de votre ami se maria... Je suis son fils...

La mémoire de « mon oncle Savinien » était restée, comme bien vous pensez, en grande vénération dans la famille... C'était pour nous une espèce de légende, élément à la fois d'édification et de curiosité.

Mes frères et moi, quand nous eûmes franchi cette limite indécise qui sépare l'enfance de l'adolescence, nous aimions à nous livrer sur cet événement mystérieux à mille conjectures. Moi particulièrement, j'y rêvais le jour et j'en rêvais la nuit.

Une certaine soirée d'hiver, comme on se taisait à la veillée, et que chacun paraissait plongé dans ses pensées,

— Voulez-vous que je vous dise, m'écriai-je tout à coup, qui est-ce qui a assassiné mon oncle Savinien?

— Qui est-ce qui a assassiné ton oncle Savinien, dit ma mère. Mais tu es fou, petit Maximin. Personne du tout ne l'a assassiné. Tu sais bien qu'il est mort pour avoir mangé de mauvais champignons.

— Je sais bien qu'on le dit; mais je n'en crois pas un mot. Ecoutez-moi, ma mère, et dites si je me trompe. »

Ici Maximin interrompit son récit pour s'adresser à moi.

— Il faut vous dire qu'après avoir habité quelque temps le nord de la France, mon père et ma mère étaient revenus avec nous tous se fixer à la Saulaie, dans l'une des deux habitations bourgeoises que vous me décriviez tout à l'heure avec tant d'amour. Donc, je reprends mon discours à ma mère.

— Pourriez-vous me dire, ma chère mère, comment mon oncle aurait été empoisonné par des champignons qui n'auraient pas causé au reste de la maison l'ombre même d'une colique? — Comment la vieille mère Monique, que j'ai souvent interrogée sur ce fait, et qui, malgré ses quatre-vingts ans sonnés, a la mémoire si fraîche, comment elle aurait pu accommoder comme innocents des champignons dangereux? Est-ce que, dans ce pays-ci, on n'est pas aussi édifié sur la qualité des cèpes et des oronges que sur la différence qu'il y a entre une anguille et une couleuvre? — Pourriez-vous me dire comment il se fait que notre cousin Jude, qui aimait tant son père et sa mère et vous tous, ait tout d'un coup quitté le pays, même la France, pour ne plus reparaître? — Pourriez-vous me dire s'il n'est pas vrai que ce même cousin Jude était un homme des plus violents, qui avait eu, pour faits de colère, plus d'un démêlé avec la justice? — Ne vous ai-je pas entendu raconter que, depuis plus d'un mois, et pour je ne sais quelle querelle à propos de notre cousine Berthe, l'ancienne tendresse de Jude pour Savinien semblait s'être tournée en haine? — Ne savez-vous pas que, quand Savinien a commencé à souffrir davantage, la vieille Euphémie n'était plus là, et que le dernier qui a donné à boire au malade, ce dut être Jude?... Enfin, car j'ai réservé pour « le bouquet » mon argument le plus décisif, vous savez bien la maison qu'habitait jadis le père de Jude... Nous y jouons souvent à cache-cache, mes frères et moi, avec les petits Jacquinard qui y demeurent maintenant. Un jour que mes camarades s'étaient amusés à m'enfermer dans un grand corridor qui mène à la chambre qu'habitait Jude autrefois, je m'ennuyais... Je me mis à regarder en l'air... Dans le mur, j'aperçus comme une fente. Je mis deux chaises l'une sur l'autre pour arriver jusque-là. En grattant avec mon ongle, je fis jouer un ressort qui ouvrit une porte à moitié cachée sous la tenture... La porte ouverte, me voilà en face d'une petite armoire où je trouvai... plusieurs fioles et bouteilles avec des étiquettes ainsi conçues : *Mort aux rats*, ou *Prussic acid*, ou *Prenez garde*, ou *Enfants, n'y touchez pas*... Il y avait place pour six bouteilles, mais il n'y en avait que cinq. A la place de la sixième, dont le fond avait laissé son empreinte sur le papier bleu de l'armoire, je ramassai une lettre. Elle était adressée *à M. Jude Le Chardonnet, au Val de la Saulaie, près et par Aigues-Vives*. Le timbre de la poste était de Bourges, le 14 novembre 1778. Or, ce fut le 16 au soir que mon oncle Savinien expira. En rentrant de la forêt, dans la nuit du 15 au 16, Jude avait cette lettre dans sa poche. Il la laissa tomber, quand il prit la fiole, dont quelques gouttes mêlées à la tisane de Savinien furent la vraie cause de cette mort que vous attribuez si gratuitement aux champignons. »

Mon raisonnement n'était pas des plus concluants, et l'on me traita de visionnaire. Il n'en resta pas moins dans mon esprit une persuasion comme instinctive que vous aviez empoisonné Savinien... Jugez de mon émotion pendant votre récit et comprenez mon exclamation quand vous avez parlé de cette fiole...

III.

L'homme au masque noir s'arrêta quelques minutes.

Puis il reprit :

— Voici que j'approche du terme de mon voyage,

du moment où nous allons nous quitter pour ne plus nous revoir.

Il faut que je me presse.

Quand Maximin eut fini de me parler, je demeurai muet.

Tant de sentiments contraires m'oppressaient, que je ne savais lequel exprimer le premier, comme une foule s'entasse aux abords d'une rue trop étroite, et nul ne parvient à sortir, chacun étant un obstacle à son voisin.

O douceur! ô mansuétude! ô bénignité! ô retour de cet héroïsme qui poussait jadis Savinien à me pardonner au moment où je l'assassinais!

J'avais compté que, sous le coup de mon aveu, — et encore je ne savais pas que mon auditeur pût tenir de si près à ma victime, — j'avais compté que l'aversion, le mépris, le dégoût, prendraient dans le cœur de Maximin la place de l'amitié qu'il m'avait témoignée jusque-là..... La froideur, du moins, l'indifférence et cette sèche politesse que l'on doit à quiconque nous a rendu quelque bon office, mais dans la vie duquel on découvre tout à coup une tache de sang, cela même, de la part de Maximin envers Jude l'empoisonneur, eût été une grâce, et je n'osais y compter.

Au bout d'un quart d'heure de silence, Maximin me dit du ton le plus doux :

— Voulez-vous me conter les derniers moments de mon oncle... du moins ce qui se passa entre vous et lui?... J'ai le plus grand intérêt à le savoir. »

Je lui fis le récit que je viens de vous faire.

Quand j'eus fini,

— Je le savais bien aussi, dit-il, et je cherchais là une ligne de conduite...

Vous êtes malheureux, Jude, vous êtes repentant. Vous étiez le meilleur ami de mon oncle. Oui, malgré ce cruel moment que vous voudriez arracher de votre vie au prix de mille vies, si vous les aviez, vous étiez encore son meilleur ami à l'heure où il expirait. Non-seulement il vous a pardonné, mais il vous chérissait tendrement à cette heure suprême, et il accepta joyeusement la mort pour sauver votre âme, pour sauver ici-bas votre famille du déshonneur. Quarante ans de souffrances et de vertus ont racheté le crime d'une heure... Je crois que, même ici-bas, Dieu vous veut consoler en vous donnant un ami. Vous avez été ma Providence. Si je recouvre la santé, c'est à vos soins maternels que je les devrai... Voulez-vous de mon amitié, Jude? Voulez-vous que, quittant le service, je rachète la maison de ma mère et que nous allions vivre et mourir ensemble au Val de la Saulaie? »

Justice de mon Dieu, soyez bénie! Oui, soyez bénie toujours, alors même que vous semblez n'avoir revêtu les traits de la miséricorde que pour renouveler, retremper et rendre plus aiguës encore, par une lueur d'espoir, par un tranquille horizon un instant entrevu, les angoisses de ma douleur!

Je ne disputai pas avec cette offre que la Providence semblait m'apporter. Je sentis qu'il se faisait soudain en moi un grand apaisement. Mon purgatoire ici-bas était-il donc terminé? Allais-je, en retrouvant une vie paisible et le baume de l'amitié, allais-je avoir, pour mon existence si ballottée jusqu'ici, un soir paisible comme avait été son matin?

Je m'attachai à cette espérance avec un empressement qu'explique la vie désolée que j'avais menée jusque-là.

A mesure que je voyais Maximin passer de la maladie à la convalescence, de celle-ci au plein rétablissement, je passais, moi, de la douleur à la paix de l'âme, et de cette douce paix à une sorte d'enivrement de bonheur... Mon cœur, à chaque instant, me semblait sur le point d'éclater.

Cela dura trois semaines.

Au bout de ce temps, et comme nous faisions déjà nos préparatifs pour revenir en France, Maximin eut la plus imprévue des rechutes. Je le revis sur son lit de maladie; je le soignai deux jours avec l'amour passionné d'une mère qui dispute à la mort son unique enfant.

Le troisième jour, il mourait comme un saint. Et moi, si Dieu ne m'eût fait la grâce d'être chrétien, je fusse tombé dans les abîmes du désespoir.

Dieu est juste, Messieurs. Je ne méritais pas ce

bonheur. Quand j'aurais mille ans et quand je souffrirais tous les supplices imaginables, la vie serait encore trop courte et trop douce pour expier mon crime.....

La diligence arrivait à la petite ville où notre compagnon avait affaire.

Il nous serra la main.

— Priez pour moi, nous dit-il, afin qu'un jour, là-haut, je retrouve mes deux amis. Et vous, jeune homme, gardez-vous de la colère.

*
* *

Il y a plus de quarante ans que ce récit m'était fait. J'étais alors presque un enfant; je suis aujourd'hui presque un vieillard. Tous les jours je remercie Dieu de m'avoir fait rencontrer l'homme au masque noir.

Je croyais rapporter d'Allemagne des millions qui m'eussent peut-être perdu. J'en ai rapporté une leçon à laquelle je dois d'avoir sérieusement travaillé à dompter mon caractère.

Sans cette rencontre providentielle, qui sait si je n'aurais pas, comme Jude, en un moment de colère, assassiné mon meilleur ami?

Oh! oui, l'homme violent est capable de tout.

FIN.

FRAGMENTS

DU

JOURNAL D'UN MALADE.

À LA MÉMOIRE

DE

MADAME MARIE GJERTZ.

FRAGMENTS DU JOURNAL D'UN MALADE.

I

Quand vous me quittiez, il y a six mois, mon cher Gustave, pour cette longue absence, j'étais malade déjà; je caressais l'espérance d'aller chercher une santé nouvelle aux rivages enchantés de la Sicile... Le soleil est venu; mais en même temps mes forces ont décliné. Je vous écris de mon lit, et lorsque vous reviendrez, je serai couché, depuis longtemps déjà, dans un autre lit, d'où mon corps ne se réveillera qu'au son de la dernière trompette.

Ce n'est pas le délire de la fièvre ni l'entraînement d'une exaltation passagère qui me font vous dire ces choses, mon cher ami. Je suis calme, très-calme : je sais parfaitement que je vais mourir, à moins que le bon Dieu ne fasse un miracle en ma faveur..... Et pourquoi le ferait-il?

Quelquefois pourtant il me semble que je sens, autour de moi, chez ceux-là même que j'aime le plus au monde, ma femme et mes enfants, que je sens la présence de cette foi brûlante, de cette angélique piété, de cette prière saintement obstinée, de cette imperturbable confiance, auxquelles le divin Maître a formellement promis le don des miracles... Puis, je me dis que c'est là une tentation, qu'il faut vouloir tranquillement ce que Dieu veut, et commencer de me faire à cette idée cruelle d'une mort très-prochaine.

Du reste, il n'y a pas longtemps que je connais mon état..... quelques heures à peine.

Hier déjà, les médecins (ce pluriel a toujours pour un malade quelque chose d'effrayant), les médecins avaient cherché à me tranquilliser par des paroles dont la bonhomie affectée ne fit que m'inquiéter davantage. Ma pauvre femme avait confirmé leurs dires, soit qu'on l'eût laissée elle-même dans une demi-ignorance, soit qu'elle craignît de me causer, par une déclaration trop brusque, quelque fâcheux ébranlement.

Ce matin, la pauvre amie, après m'avoir veillé toute la nuit, est allée prendre un peu de repos. La vieille Victoire, que vous connaissez bien, celle que j'aime toujours à appeler *ma bonne*, l'a remplacée à mon chevet..... En me réveillant d'un sommeil qui ne m'avait point rafraîchi, mes yeux ont rencontré son honnête figure.

Elle, d'ordinaire si vive et si sereine, elle, dont la

coiffe bretonne entrevue de loin suffisait pour rappeler à ma mémoire l'essaim joyeux de mes jours d'enfance, cette charmante petite vieille en qui plus de jeunesse pétille encore que dans la gaieté brillante de bien des belles dames, Victoire était triste et abattue.

Je m'étais éveillé si vite que le temps lui avait manqué pour composer son visage.

Je lui pris les mains, et comme elle vit sur mes lèvres que j'allais l'interroger,

— Mon enfant, me dit-elle, Dieu est bon... Je me disposais à vous cacher la vérité. Il aime mieux vous la faire lire dans mes yeux. Vous êtes assez fort pour la porter. Je tâcherai d'être assez forte pour vous la dire.

Vous êtes bien malade, mon pauvre Léon. Les médecins, qui ne voient en vous qu'un homme, veulent vous le dissimuler. Je sais, moi, que vous êtes chrétien, et le bon Dieu m'inspire de vous éclairer sur votre position. Il sait, ce Dieu qui sait tout, combien j'aimerais à prendre votre place, à mourir, moi, vieille femme qui ne suis bonne à rien, pour vous laisser à votre Louise et à ces innocents qui ont tant besoin de vous! Mais Dieu a ses vues. Il vous veut, mon enfant... Il sait que vous êtes à Lui; seulement, avant de vous prendre, il veut que vous lui apparteniez davantage encore.

Il vous donne le temps de bien vous préparer, de faire votre sacrifice sans réserve, d'y préparer vous-même ceux qui vous sont chers, et de leur laisser, dans l'exemple de votre mort, quelque chose de plus précieux encore que les exemples de votre vie.

Voilà, mon bon Léon, ce qu'il aurait fallu vous dire dans un mois, lorsque vos facultés auraient baissé avec vos forces. N'ai-je pas bien fait de vous le dire aujourd'hui? — Dites-moi que vous n'en voulez pas à votre vieille bonne. »

En proie à mille émotions, je l'embrassai comme j'eusse embrassé ma mère.

Puis, je me rejetai sur mon oreiller, et je fermai les yeux, non pour dormir, mais pour réfléchir.

Maintenant que vous savez comment je sais que mon heure est proche, voici pourquoi j'ai résolu de vous laisser ce journal de mes dernières réflexions.

Je n'écris que pour vous seul, mon bon Gustave; et même, à proprement parler, je n'écris pas. Ce que je vous dirais de ma voix épuisée, si votre départ n'eût interrompu nos vieilles causeries, je charge ces lignes de vous le dire, afin que vous les lisiez après moi, et que vous sachiez, une fois de plus, que les approches de la mort, pas plus que les longueurs de l'absence, n'ont pu détacher de vous le cœur de votre ami.

Et puis *le poitrinaire* (il faut que je m'habitue à prononcer ce mot) n'est pas un malade comme un autre. Je n'ai point, jusqu'ici du moins, de violentes souffrances. Surtout ma tête n'est pas même embarrassée. Et, tandis que quelques-uns sont en proie à d'atroces douleurs, et d'autres absorbés par une léthargie, moitié sommeil et moitié mort, — en dehors de certaines crises, mon mal, ce n'est qu'une lumière qui s'éteint peu à peu, parce que l'huile manque à la lampe.

L'occupation, surtout l'occupation de l'esprit, m'est indispensable.

Que faire? Je ne sais ni peindre ni jouer du violon.

Je l'ai souvent regretté... jamais, je crois, plus vivement que dans ces tristes jours.

Vous allez traiter ce regret de puéril.

— Qu'importe, me direz-vous, quand on va quitter la vie, d'avoir su tirer des sons d'un instrument, d'avoir connu la mystérieuse puissance de la ligne et de la couleur?

— Qu'importe! Vous en parlez bien à votre aise. Certes, cela n'est point nécessaire au salut. Mais si vous étiez, comme moi, gisant sur un lit de douleur, si vous connaissiez l'angoisse de cette perpétuelle contemplation de la mort; si vous saviez que l'on ne combat pas avec des raisonnements les frayeurs et les tremblements qu'amène avec lui ce spectacle intérieur; si vous réfléchissiez qu'auprès d'un pauvre malade qui se sent envahi par les horreurs et les laideurs du tombeau, on ne saurait trop multiplier, ne fût-ce qu'à titre de contre-poids, les salutaires, les fortifiantes, les rassérénantes influences du beau, c'est-à-dire de l'art, vous comprendriez combien il m'eût été doux de pouvoir moi-même endormir mes douleurs avec mon archet! combien j'eusse aimé manier jusqu'au dernier moment mes pinceaux et mes crayons! Hélas! je n'ai ni archet, ni pinceaux, ni crayons... du moins, je n'ai qu'*un* crayon.

J'ai beaucoup réfléchi sur la sublime mission de l'art. J'ai toujours pensé qu'après les ailes de l'amour et de la prière, il n'en est point qui nous élèvent plus près du trône de Dieu que les ailes de l'art chrétien... Et quand je dis *après*, je devrais dire que l'art chrétien n'est lui-même qu'amour et prière.

Au moment de quitter la terre, il me semble que si j'avais été artiste, la musique ou la peinture m'eussent apporté de merveilleux soulagements. Il me semble que, dans l'espérance d'une contemplation prochaine de Celui qui est la source de l'art, mes misérables instruments eussent conquis une puissance qu'ils ne se connaissaient pas eux-mêmes, que mes esquisses eussent été éclairées d'une lumière plus qu'humaine. Tout cela m'eût mieux préparé au grand passage, en même temps que cela eût calmé mes souffrances. Peut-être aussi cela eût-il été, pour ceux qui m'entourent, comme une vision de l'autre vie. Peut-être eussent-ils mieux compris cette vérité, si peu comprise parmi les chrétiens de nos jours, que Dieu est la source de toute beauté, que toute beauté mène à Dieu, que l'art est d'autant plus élevé et plus parfait qu'il se rattache par un lien plus étroit à Celui qui non-seulement, comme Dieu, est la beauté par essence, mais qui n'a pas dédaigné d'être appelé le plus beau parmi les enfants des hommes, et de nous offrir dans son cœur divin un foyer incandescent d'inspiration et d'amour.

Mais laissons là ces regrets.

L'art n'est point seulement dans les sons ou dans les couleurs. Les lettres sont de l'art aussi. C'est même le trait particulier qui distingue la véritable littérature de la misérable profession de barbouilleur de papier.

Si humble que soit la sphère dans laquelle jusqu'ici ma plume a tracé son obscur sillon, toujours j'ai cherché cette grande chose que l'on désigne mal par des périphrases et qu'il faut simplement appeler par son nom, cette chose dont tout le monde parle, que si peu comprennent et aiment vraiment, cette chose sans quoi rien n'est complet, rien n'est beau... l'art. Toujours j'ai cru qu'il ne suffisait pas, pour mériter le renom d'écrivain, de ces froides qualités de correction, de clarté, même d'élégance..... Il y faut, de plus, la lumière, la beauté, quelque chose qui apporte à l'esprit cette pleine et vive satisfaction que cause à l'âme la contemplation d'un acte vertueux : il y faut l'idéal, l'art, en un mot.

J'ai donc cherché toujours à être artiste par la littérature, et je ne puis en ce moment me dire complétement malheureux, même du côté de l'art, puisqu'il me reste mon instrument à moi, ce n'est pas assez dire, le cher compagnon de mes modestes travaux, ce frère jumeau de ma plume, mon fidèle crayon. Par lui, ma pensée rapide se fixe; et si Dieu me suggère aujourd'hui quelque réflexion pieuse, demain je la retrouverai. Par lui, mes idées deviennent plus précises en prenant un corps; et, si je m'abîme quelquefois en d'amères rêveries, l'intérêt que je trouve à les répandre sur le papier, le soin que je prends d'en élaguer tout ce que repoussent le bon sens et la foi, ce travail, même de la forme, respectable aussi, puisqu'il s'efforce de donner à la pensée un vêtement digne d'elle, quelquefois un essor inattendu et qui m'étonne moi-même, tout cela me distrait, m'empêche de m'absorber dans une vague douleur et ne m'en laisse savourer que le suc fécond. Tout cela me plaît et vous plaira un jour, j'en suis sûr, lorsque à votre retour, tout cela vous parlera de votre ami... qui, lui, ne sera plus là pour vous parler.

II

Vous rappelez-vous, mon cher Gustave, cette belle prière des litanies des saints : *A subitâ et improvisâ morte, libera nos, Domine?* — Vous n'avez pas oublié assurément avec quelle ferveur nous la répétions, dans le silence de notre âme, lorsque nous entendions le monde estimer heureux ceux qu'un coup inopiné arrache de la vie et jette sans préparation aux pieds du Souverain-Juge.

Voici, en ce qui me regarde, notre prière doublement exaucée. Dieu m'appelle à lui, mais non point par une de ces catastrophes qui pourraient me surprendre, sinon dans l'inimitié, du moins dans l'oubli du divin Maître. Puis, comme la faiblesse de nos proches transforme souvent en morts subites celles que de longues maladies ont pourtant précédées, — en flattant l'illusion d'un malade qui aime à ne voir qu'une lointaine menace dans un état qui l'emportera demain, — Dieu m'épargne cette illusion. Il me fait avertir d'une manière catégorique par une vieille bonne, cette femme sans lettres, mais qui sait puiser dans sa piété des inspirations et un langage auxquels les plus grands esprits, livrés à eux-mêmes, atteignent difficilement.

Sans doute, quand je pense qu'il me reste à peine quelques mois à vivre, je frissonne et j'ai peur, — oui, j'ai peur. Tout chrétien que je sois, je me demande comment j'oserai jamais affronter ce redoutable passage et ces affres de la mort dont notre pauvre langage humain ne donnera jamais qu'une pâle idée à ceux qui n'ont pas eux-mêmes traversé les suprêmes angoisses.

Le *linquenda domus* du poëte me revient en pensée. Ces beaux vers, dont j'ai tant de fois savouré le charme avec un dilettantisme de littérateur, maintenant qu'ils s'adressent à moi personnellement, ils m'épouvantent, ils m'attristent. Je crains de les répéter, comme autant de paroles de mauvais augure;

et si par hasard ils apparaissent tout à coup dans quelque coin de mon esprit, je ne veux pas les voir, je détourne la tête, avec cette terreur et ce tremblement du criminel antique auquel un esclave apportait la coupe empoisonnée.

Voilà la nature, cette impérieuse nature dont les plus grandes âmes ont ressenti les atteintes, mais au-dessus de laquelle le plus obscur chrétien s'élève bientôt, pourvu qu'il sache prier.

Ne faut-il pas envisager toutes choses avec les yeux de la foi? Autrement, à quoi servirait d'être croyant?

Puisque la mort subite est un malheur, la mort annoncée d'avance est une grâce, dont il faut remercier Dieu surtout en en profitant.

Et puis, sans parler de l'éternel malheur qui n'est que pour les ennemis de Dieu, et que je crois pouvoir sans présomption ne craindre que d'une crainte lointaine, où sont ceux qui ne traversent point les régions expiatrices du purgatoire? Et la foi ne nous dit-elle pas que l'on peut, dans une certaine mesure, faire son purgatoire en ce monde?

Se préparer à la mort que l'on voit venir, et faire provision, pour ce décisif et terrible moment, de courage et de force; user dans la maladie ce qui me reste d'attache à la vie, effacer mes péchés par la souffrance, je ne dis pas par des douleurs bien vives, mais par cette vue perpétuelle de la mort, par cette agonie anticipée qui vont faire ressembler les mois qui me restent au dernier jour d'un condamné; du même coup expier mes fautes et augmenter mes mérites, aux yeux de la foi, quel immense avantage!

Qu'importe que tout cela répugne à la nature! ou mieux encore, qu'importe la nature à qui voit toutes les choses humaines se détacher de lui successivement, comme un vêtement qui vieillit?

Un enfant ne considère que le présent, parce que son regard n'est pas assez ferme pour plonger dans l'avenir, et que vraiment pour lui le présent seul existe. Tout au contraire, je sens que le temps lui-même, demain je ne le connaîtrai plus, que ma vie n'aura plus d'autre mesure que l'éternité.

Je ne veux plus viser qu'à une chose, à atteindre ce moment où l'éternité s'ouvrira devant moi, le plus dégagé possible des souillures qui me retiendraient loin de Dieu, le plus enrichi de ces mérites qui forcent les portes du ciel : l'humilité, l'obéissance, la résignation, la douceur, tout cet essaim de petites vertus auxquelles la maladie fournit d'incessantes occasions de se produire.

Mais surtout je veux consacrer le temps qui me reste à me pénétrer de l'insuffisance de toutes les vertus, grandes ou petites, sans l'amour suprême qui les absorbe et les couronne...

Je me demande si j'ai jamais aimé Celui qui nous a tant aimés. Je remercie Dieu du répit qu'il me laisse. Je voudrais pouvoir revivre toute ma vie, afin, au lieu de ce tiède attachement à mes devoirs, d'y infuser ce brûlant amour qui transfigure tous nos actes, qui donne à nos paroles, à nos écrits, à nos gestes, à notre silence, une si prodigieuse efficacité pour le bien.

J'ai passé deux ans, par exemple, à Grenoble, dans l'administration des postes, me dis-je, en reprenant un à un mes souvenirs. Je ne crois point avoir donné de scandale aux Grenoblois. J'avais même dans la ville la réputation d'un chrétien consciencieux, fidèle aux offices de sa paroisse, d'un jeune homme régulier, et qui ne comparut jamais en police correctionnelle, pour avoir chassé sans port d'armes, ou dépassé, dans quelque bal public, les limites municipales de la décence. — Je donne ces exemples, parce que plusieurs de mes camarades furent les héros de semblables aventures.

Je ne faisais donc pas de mal positif..... Mais quel bien faisais-je? Quelles traces sont demeurées de mon passage en ce lieu? Moi qui possédais cet incomparable trésor de la foi, à qui l'ai-je communiqué? Parmi ceux de mes collègues qui pensaient comme moi,— il y en avait,— où sont ceux que je me suis associés pour faire aux mauvaises mœurs et à l'impiété une guerre infatigable? Où sont les âmes que j'ai converties? Où les abus que j'ai attaqués? En quoi le règne de Dieu a-t-il été avancé par mon séjour? Et quel vide, en partant, ai-je laissé derrière moi? Cette ardeur que nous avions à dix-huit ans, Gustave, quand nous faisions ensemble notre droit à Paris; comment, alors que j'entrai plus sérieusement dans la vie, s'était-elle amortie au point d'avoir fait de moi un être si profondément inutile?

Hélas! j'étais égoïste, égoïste dans ma foi comme d'autres le sont dans leur incrédulité. Je me sentais heureux de penser que mon intelligence possédait la vérité, que ma vie avait un phare qui la préservait du naufrage. J'aimais Dieu, je lui obéissais. Mais est-ce l'aimer que l'aimer pour soi seul? Est-ce vraiment lui obéir que de pouvoir supporter qu'à côté de nous d'autres le repoussent et le blasphèment?

Non, plus j'y réfléchis, plus je sens que je n'aimais pas Dieu, du moins que je ne l'aimais pas comme il doit être aimé, avec cette plénitude, avec ce saint enthousiasme, qui n'est pas une puérile et courte ivresse, mais un autre nom pour dire la folie de la croix, mais le symptôme nécessaire de tout véritable amour?

Est-ce que la vie ne me serait pas amère si, autour de moi, l'on disait de ma femme et de mes enfants quelque chose qui approchât seulement du mal que j'entendais dire chaque jour de vous, ô mon Dieu! J'aime donc plus ma femme et mes enfants que je n'aimais Dieu! Quelle impiété! Et je n'y pensais seulement pas! Et j'oubliais que la bouche qui ne peut mentir a dit ces paroles: « Celui qui aime son père ou » sa mère plus que moi n'est pas digne de moi; et » celui qui aime son fils ou sa fille par-dessus moi » n'est pas digne de moi. »

Hélas! mon Dieu, vous ne m'imputerez pas à mal cette insuffisance de mon amour... Je dis insuffisance seulement. Car au fond, mon Dieu, je vous aimais. Et je me souviens que plus d'une fois, surtout les jours de communion, je sentais le feu de votre amour me réchauffer le cœur, et qu'à côté de cette joie qui procédait immédiatement de votre présence, les joies humaines, même les plus vives et les plus pures, me paraissaient bien peu de chose. Je le disais alors à ceux qui m'entouraient et qui le sentaient comme moi. Mais, hélas! ce n'était pas à eux,— du moins ce n'était pas à eux surtout, — qu'il eût fallu le dire. Ce qu'il fallait, c'était de tenter quelque chose, je ne dirai pas quoi, mais évidemment il y avait quelque chose à tenter pour étendre à ceux qui ne croyaient pas, ou seulement à ceux qui n'aimaient pas, les bienfaits de cette religion, qu'en croyant et en aimant, j'avais sentis être si doux.

Ce que je n'ai pas pu faire alors, le pourrai-je faire aujourd'hui, que je suis cloué sur mon lit, pour ne m'en plus relever?

Oui, je le pourrai.

Qu'est-ce, en effet, qui me manquait alors? Bien moins encore les manifestations de l'amour que l'amour lui-même. S'il eût existé en moi autrement qu'à l'état de germe, n'est-il pas manifeste qu'il eût forcément entraîné ses conséquences?

Je vais donc travailler à l'acquérir cet amour suprême, à le développer du moins, à lui laisser prendre dans mon cœur cette place, non point seulement principale, mais totale, qu'il y doit occuper. Quand Dieu sera vraiment le roi de mon âme, qu'importera l'apparente impossibilité où la maladie me tient d'exercer l'apostolat? Est-ce que l'acte principal de cet apostolat, le seul qui soit nôtre, à proprement parler, le seul puissant et efficace, le seul qui, dans son apparente inertie, amène des prodiges, est-ce que la prière ne me sera pas toujours ouverte? Est-ce que la maladie, qui me rend impropre à toute sorte de ministères actifs, ne me laisse pas au contraire, pour ce *service public de la prière*, comme on l'a si bien appelé, d'infinis loisirs? Est-ce que les saints n'ont pas souvent appelé de leurs vœux ces souffrances que redoutent les âmes basses, mais qui, laissant le cœur vraiment chrétien seul à seul avec Dieu, sont un véritable repos de toutes les misérables sollicitudes, — *sollicita es erga plurima*, — qu'entraînent même le zèle et la charité?... Dans combien d'œuvres, en effet, commencées pour Dieu cependant, ne finit-il pas par être oublié! Cet oubli se conçoit plus difficilement de la prière, qui est comme la respiration de l'amour.

Et puis, si le miracle que je n'espère pas s'accomplissait; si Celui qui peut ressusciter les morts, me ressuscitait, moi mourant, comme je me serais retrempé, pendant ces quelques semaines d'agonie consacrées à aimer et à prier! Comme il me semble que je m'élancerais de nouveau dans la vie, oppressé du besoin de sauver des âmes, de sauver le monde, en le rendant à Dieu ! Comme cet amour, si peu de chose que je sois moi-même, associé à d'autres amours, produirait des fruits inespérés !

Ce n'est pas une vaine présomption qui me fait parler ainsi. C'est la parole du Maître que je répète : « Si » votre foi était grosse seulement comme un grain de » senevé, vous diriez à cette montagne : Quitte ce » point et va-t-en sur cet autre, et elle vous obéirait, » et rien ne vous serait impossible. » Ces montagnes qu'il faut déraciner d'ici pour les transporter là, ne sont-ce pas les âmes que nous devons, par l'effort de la charité, arracher *a sollicitudinibus et divitiis et voluptatibus vitæ*, afin de les plonger dans le foyer de l'amour divin et de les transformer elles-mêmes en autant de foyers ?

III

Je ne m'étais pas trompé, mon cher Gustave. Ma santé s'en va déclinant, ou, mieux encore, ma vie s'en va. J'en ai fait tout à l'heure convenir mes médecins. J'ai voulu aussi amener peu à peu ma chère Louise à la conviction dont je suis plein, qu'aucun remède humain ne me peut guérir.

Il y a longtemps qu'elle entrevoyait cette terrible vérité ; mais elle n'osait la regarder en face, de peur de perdre à tout jamais ce sourire avec lequel elle essaye de me rassurer.

Ç'a été cependant comme un soulagement pour nous deux, lorsque je lui eus dit où j'en étais, quel humble ministre Dieu avait chargé de m'éclairer, et que nous n'avions pas trop de nos deux courages pour nous préparer ensemble à faire notre sacrifice.

Et pourtant, — la douleur et la consolation se tiennent par des liens si étroits pour le pauvre malade! — plus je vis Louise accueillir avec calme mes cruelles explications, plus j'admirai chez elle l'épouse et la chrétienne, l'épouse dont le cœur saignait à l'idée de cette séparation prochaine, la chrétienne qui s'élevait au-dessus des pensées de la terre, des sentiments les plus vifs et les plus doux, pour envisager toutes choses sous leur aspect vrai et durable, pour m'aider à rompre les dernières attaches qui me retenaient ici-bas... et plus je sentis mon courage tout près de m'abandonner, me laissant en proie à une inexprimable désolation!

Si ces pages tombaient entre les mains des gens du monde, plusieurs assurément ne comprendraient point cette angoisse.

La plus élevée des affections humaines, la seule que le divin Maître ait placée sous la sauvegarde d'un sacrement, celle qui est l'image de la plus sainte de toutes les alliances : l'alliance de Jésus-Christ avec son Eglise, cet amour qui ne rencontre de modèle et de modérateur que dans l'amour même que le cœur d'un Dieu porte à nos âmes, l'amour conjugal, — on peut le dire sans crainte de se tromper, — est un des sentiments les plus inconnus de notre triste époque.

L'amour en dehors du mariage, si l'on peut appeler de ce nom d'amour un attachement criminel et désordonné ; le mariage sans amour : l'argent et la vanité, les convenances ou l'ambition en tiennent place ; une passion où l'âme n'a que peu de part, et qui, au bout de quelques années, s'amortit et retombe au rang tout au plus d'une décente amitié ; ou bien l'excès contraire : l'idolâtrie dans le mariage, — tel est, en dehors de l'amour chrétien, le tableau que présente notre société française.

Partout le vice vient de l'oubli des principes. Dieu n'a point présidé au choix des époux ; il est absent de leur vie. Là où Dieu n'est pas, comment l'amour y serait-il ? Aussi la plus fréquente tare de nos unions, même honnêtes, c'est qu'on ne s'y aime point.

Quelquefois cependant, chez des âmes plus nobles et qui étaient dignes de connaître la vérité, qui, chrétiennes, eussent pratiqué l'amour chrétien, l'absence de Dieu se fait sentir par l'excès contraire. Comme le cœur de l'homme est ainsi fait, qu'il a besoin d'aimer quelque chose infiniment, ces unions nous montrent l'idolâtrie dans le mariage. Dieu manque là comme modérateur. L'objet de ces tendresses est légitime ; le degré en est coupable. Dieu seul doit être aimé sans mesure. Rien d'humain, sous peine d'excéder, ne doit être aimé qu'en Dieu et pour Dieu.

L'amour chrétien rencontre seul cette juste mesure.

Et cet amour, je l'ai connu quinze ans! Et, bien que j'aie la confiance qu'en mourant, je retournerai vers Celui qui est la source de tout amour, puis-je ne pas éprouver, au plus intime de mon être, d'effroyables douleurs et comme une mort anticipée à la pensée que je vais bientôt quitter celle qui, sans se démentir jamais, a été, quinze ans, une seule âme avec mon âme?

Ah! Dieu a bien justement, on pourrait dire bien également, réparti les peines et les joies d'ici-bas. Celui qui a vécu seul, sans autre affection que ces affections banales et passagères qui ne manquent presque à aucun homme, celui-là meurt facilement, ce semble. Qu'a-t-il à regretter de l'existence?... Mais quand on a parcouru une longue suite d'années le cœur appuyé sur un cœur ami, ce n'est pas assez dire, le cœur confondu avec un autre cœur qui vivait de notre vie, dont nous entendions, fût-ce à une longue distance, les moindres battements, comment partir et laisser derrière soi cette moitié de soi-même? N'est-ce pas là mourir deux fois?

— Que deviendra Louise sans moi? C'est la plus douloureuse de mes préoccupations.

Je connais son courage, sa résignation, son *absolue* résignation aux volontés divines. Je sais que nul n'envisage l'avenir, quelque sombre qu'il paraisse, avec un calme plus serein. Je sais que, quand, autour de nous, la mort ou la maladie visitaient des cœurs moins courageux, c'était toujours elle que l'on appelait; et que jamais elle n'entra dans une chambre de deuil ou d'agonie, sans que de ses paroles, ou de ses larmes, ou de son serrement de main, ou de son regard compatissant, quelque baume ne tombât sur les âmes brisées.

Je sais plus encore. Je l'ai vue auprès du berceau de nos enfants, transformé par la mort en un cruel cercueil. Je l'ai vue puiser dans la prière la force de ne pas tomber sous le poids de la douleur, la force de reprendre sa vie et d'être toujours la mère, la fille, l'amie, l'épouse...

Je sais tout cela. Mais je sais aussi ce que je suis pour elle et ce qu'elle est pour moi. Je sais que tant d'épreuves par lesquelles Dieu déjà l'a fait passer auraient pu l'abattre, la briser, lui déchirer l'âme... L'épreuve qui s'apprête lui arrachera le cœur..... Et peut-on vivre quand le cœur n'y est plus?

Si je suis sûr de son courage, de son abandon entre les mains de la bonne Providence, je ne suis pas sûr de ses forces.

Je les demande donc au Ciel pour elle, c'est-à-dire pour nos enfants..... Car pour elle, moi parti, quelle autre joie y aurait-il que de mourir bien vite?

Avais-je besoin de vous dire tout cela, Gustave, de vous rappeler ce que Louise et moi nous sommes l'un pour l'autre?..... Je n'ai pu résister au plaisir de remplir de son nom et de sa pensée quelques-unes de ces tristes pages. Vous la connaissez, Gustave. Vous devez comprendre que ce n'est pas en un instant que l'on se fait à l'idée de dire adieu à tant de perfections !

Aussi, quand, après une heure passée ensemble, elle me parlant du ciel, comme si elle en revenait, moi me laissant catéchiser comme un petit enfant, et aspirant ses paroles avec une joie qui faisait taire mes douleurs et me laissait oublier l'heure prochaine de mon supplice, — quand elle m'eut quitté pour me permettre de reposer quelques instants, la paix tout à coup se retira, et je ne saurais vous dire quel tumulte il se fit en moi.

C'était bien le dernier combat qui commençait, cette agonie qui se passe dans l'âme plus encore que dans les membres...... Ce n'était plus la vie que je regrettais, pas même ses douceurs. C'en étaient les devoirs, les travaux, cette tâche à laquelle il me semblait que la Providence m'eût appelé, et que me voici obligé d'abandonner, lorsqu'elle est à peine ébauchée.

Que deviendront mes enfants? Un père chrétien, bien loin, sans doute, de la perfection où Dieu le voudrait, mais fidèle, après tout, aux grandes obligations de la religion et se faisant honneur de cette fidélité, un tel père, n'eût-il pas été, pour Georges et pour Théobald, le meilleur introducteur dans le monde, — le monde, hélas! qui demain va commencer pour eux, — et le plus sûr rempart contre le fléau du respect humain?

Il faudra les mettre au collége. Quelle influence y subiront-ils? Celle de l'institution chrétienne où ils seront certainement placés? ou l'influence occulte de ces enfants corrompus, dont les plus saintes maisons recèlent toujours quelques-uns? — Terrible alternative, et sous le poids de laquelle l'âme d'un père mourant succomberait, si Dieu lui-même ne venait à son aide.

Dieu lui-même, en effet, vint à mon aide, je n'en doute pas.

Cette idée de mes fils exposés à la corruption se saisit d'abord si vivement de mon imagination, que j'eus un moment de véritable angoisse. Avoir si longtemps travaillé pour détourner ce fléau de ces têtes si chères, m'être entretenu dans l'étude du grec et du latin, pour pouvoir être moi-même un professeur suffisant de ces élèves dont les progrès ne me laissaient guère de trêve, m'être fait une fête de pétrir moi-même cette argile bien-aimée, d'en former non point seulement d'honnêtes jeunes gens, mais des chrétiens fervents, mais des serviteurs enthousiastes de la vérité, mais des cœurs pénétrés d'amour, des chevaliers décidés à mourir plutôt que de laisser le mal prévaloir, de ces âmes fortement trempées, comme notre pauvre société en a si peu et en voudrait tant, qui ne recherchent ni l'argent, ni la vanité, ni la jouissance, ni la considération, mais la seule et unique gloire de Dieu, — avoir tout sacrifié à cette pensée, et au moment d'en voir commencer la réalisation, mourir et sentir une telle œuvre compromise !

Ma pauvre tête travaillait. J'étais bien près du découragement... Le découragement lui-même est si près du murmure... Dieu m'épargna cette faute. Je fis un effort pour prier.

Mon Dieu ! m'écriai-je donc, bannissez de mon âme cette excessive préoccupation où se mêle sans doute au sentiment paternel une forte dose d'orgueil ! N'êtes-vous pas, ô mon Dieu ! une protection et un appui qui valent tous les remparts et toutes les sauvegardes de ce monde ? Et qui sait si, moi vivant, mes fils ne se seraient pas abandonnés à cette aveugle confiance dans l'avenir et dans les sollicitudes paternelles, qui n'en eût fait ni des hommes, ni des chrétiens ? Moi parti, Georges comprendra qu'il doit être la consolation de sa mère, l'exemple et le soutien de son jeune frère. Peut-être, comme je l'ai vu plus d'une fois, ce qui semblait devoir être la ruine de leur foi, en sera l'affermissement.

O vanité ! ajoutai-je. Je me crois nécessaire à mes enfants. Mais n'ont-ils pas déjà une foi dont la fermeté m'a moi-même étonné souvent ? Mais, à côté de cette charmante candeur qui se peint sur leur front et dans leurs regards, n'ai-je pas moi-même admiré souvent, — n'en ai-je pas surtout béni l'auteur de tout bien,— ce précoce amour de Dieu, cette confiance d'ange dans l'efficacité de la prière, cette tendresse pour les pauvres; trois garanties que Dieu n'abandonnera pas ses petits serviteurs et qu'il saura bien les garder sans moi?

Une pareille tentation de découragement me tint un instant, à propos de mon frère aîné, dont je vous ai, Gustave, plus d'une fois entretenu, ce cher compagnon de mon enfance, que, depuis six ans, un abîme sépare de moi.

Je vous ai dit souvent que, tout en subissant la honteuse chaîne que vous savez, mon pauvre frère a conservé de la foi; que la semence jetée avec tant de persévérance par notre mère sur ce terrain ingrat d'abord, y a pourtant laissé des germes qui reparaissent de temps à autre, et permettent d'espérer à cette pitoyable existence une fin meilleure que son commencement. Vous savez que mon frère m'aime tendrement, et qu'il semble que je sois plus qu'aucun autre appelé à provoquer ou du moins à seconder son heureux retour.

O mon Dieu! vous ne permettrez pas que ce nouvel Augustin périsse. Ce que vous auriez pu faire par moi, à plus forte raison pouvez-vous le faire tout seul!..... Sauvez, sauvez mon frère!

Après d'aussi graves pensées, oserai-je vous dire quelque chose d'une dernière préoccupation dont je suis obsédé depuis quelques jours? Oui, je l'oserai, puisque je vous ai promis de vous ouvrir mon cœur.

Il y a trois ans, — qui le sait mieux que vous? — sans le vouloir presque et sous l'empire de circonstances que je ne crains pas d'appeler providentielles, j'ai voué ma vie aux lettres chrétiennes. Il me semblait que, parmi tant d'œuvres où se disperse le zèle des âmes ardentes, celle-là n'était ni la moins nécessaire, ni la moins méritoire. C'est assurément l'une des plus négligées.

Que de fois, vous vous en souvenez, en nous promenant le soir sous nos tilleuls, ou quand, vers le midi, nous nous asseyions à l'ombre dans quelque fourré des bois, nous aimions à revenir sur cet inépuisable sujet! Indulgent comme un ami, exigeant aussi comme un ami qui voudrait voir parfait ce qu'il aime, vous reconnaissiez volontiers toute sorte de mérites aux premiers-nés de ma plume.

« Mais ce n'est pas encore cela, » disiez-vous. Ce qu'il faut à notre époque, ce ne sont pas seulement des livres intéressants, agréables, bien écrits, bien pensés, et en même temps irréprochables au point de vue des principes. Tout cela peut être utile aux chrétiens, pour lesquels il faut bien quelque distraction. Mais, à toute force, les chrétiens s'en passeraient. Ce qu'il faut, ce sont des œuvres de main de maître, des livres d'une grande portée, d'un haut vol, des productions qui commandent l'examen de tout homme attentif au mouvement intellectuel contemporain. Ce qu'il faut, ce sont des travaux qui fassent sensation, qui aillent réveiller l'engourdissement de tant d'esprits endormis loin de Dieu, et qui, s'imposant à l'admiration des *dilettanti*, montrent que la beauté, l'élévation, la poésie, l'amour, tout cela n'est pas le monopole de l'impiété ou de l'utopie ; qu'au contraire tout cela procède de Dieu ; que, pour produire son effet complet, tout cela doit y revenir. Ce qu'il faut, c'est de fournir un argument aux catholiques à qui l'on dit, qui se disent trop souvent à eux-mêmes, qu'entre le christianisme et l'art, il y a un divorce forcé ; qu'entre l'enthousiasme et la foi, il faut choisir ; que Platon a menti quand il disait que le beau était la splendeur du vrai ; qu'au contraire, nous devons en faire notre deuil, habiter, avec les poëtes et les artistes, les brillantes régions de la lumière, ou, avec les *orantes* et les *fossores*, les catacombes de l'orthodoxie.

Voilà une des plus funestes idées et qui, — soit nettement formulée, comme elle l'est par les libres penseurs, — soit tacitement admise, comme par beaucoup de chrétiens, — retient loin de la vérité un plus grand nombre de nobles intelligences.

C'est contre elle qu'il vous semblait que devait surtout réagir la littérature chrétienne.

Vous me disiez que telle était particulièrement ma vocation.

Vous savez combien de temps j'ai résisté, quelle défiance de mes forces m'empêchait d'aborder de grandes œuvres. Je vous assurais que la *nouvelle* tout au plus et l'historiette convenaient à l'essor modeste de ma pensée. Vous le savez aussi, vous aviez fini par me convaincre, et un beau jour je reconnus avec vous que toute cette modestie n'était que paresse et pusillanimité.

Quand vous êtes parti pour le Nouveau-Monde, j'étais bien décidé à essayer du grand roman, non-seulement à en essayer, mais, me jetant dans les bras de Dieu et y puisant une confiance sans bornes, — ce qui, du seul point de vue de ma faiblesse, eût été une ridicule témérité, — bien décidé à entreprendre une œuvre qui *ferait sensation*.

Rien n'était écrit de cette œuvre quand je m'alitai. Mais j'y pensais depuis six mois. Les matériaux s'accumulaient dans mon esprit. Il me semblait par intervalles que je les sentais fermenter au dedans de moi, qu'une puissance qui n'était pas la mienne éclairait ce chaos, y portait l'ordre avec la lumière. Quelquefois, quand, après une semaine de préoccupations matérielles et que je croyais tout à fait perdue pour ma chère entreprise, je pénétrais dans la chambre de mon esprit, j'étais tout étonné de la trouver remplie d'idées qui paraissaient se grouper d'elles-mêmes et comme se ranger en bataille.

Hier, après plus d'un mois d'abandon de ce projet,

— comme j'eusse abandonné, sur le bord du tombeau, le dessein de planter ou de bâtir, — hier j'ai repensé à mon grand travail.

Mon Dieu! est-ce donc qu'il faut que chaque chose, au moment où nous allons la quitter, se présente à nous sous son aspect le plus séduisant, sans doute pour accroître d'autant le mérite de notre sacrifice?

Jamais il ne m'avait paru que je fusse plus près du but.

En quelques minutes, tout le plan d'une vaste composition m'apparut. Et, dans ce plan, tous mes matériaux accumulés s'enchaînaient merveilleusement. Et à mesure que, dégagé de tout ce travail matériel de la rédaction, qui est toujours une fatigue, je suivais d'un œil ravi le développement de mon œuvre; à mesure que, de droite et de gauche, je voyais s'ouvrir de nouveaux et charmants horizons, je me disais, à chaque pause : « Oui, c'est cela, c'est bien cela! Il y a ici ce feu sacré, sans quoi tout est mort, ce feu puisé dans le cœur du divin agonisant de Gethsémani. L'élévation du ton, l'accent de conviction profonde et ce parfum de bonne foi qui circule à travers mon livre me permettent de tout dire. Ou je m'abuse beaucoup, ou les hommes du monde n'auront pas même l'idée de prétendre que cette œuvre, pieuse pourtant et même mystique, sente la sacristie. »

Et puis, après une excursion de plusieurs heures dans ce pays des rêves, je revins à la réalité.

— Mais ce livre n'est pas fait, me dis-je, et il ne sera pas fait ; car je vais mourir... »

Oh ! jamais, non jamais, je n'aurai de paroles pour dire ce qu'il y eut dans ce soudain réveil d'angoisses poignantes et de profonde amertume !

Angoisses, amertume, déchirement de l'âme et tortures du corps, tout ce que j'ai déjà goûté de ce fiel, tout ce que me réserve ma prochaine agonie, Seigneur Jésus ! où déposerais-je cette provision de douleurs, sinon au pied de votre croix ?

IV

J'espère aujourd'hui, cher Gustave, vous écrire une lettre plus sereine que les précédentes, et où se reflète quelque chose des calmes sentiments dont mon âme est pleine depuis hier.

Dieu continue de m'épargner les vives douleurs. Je ne suis donc pas, comme d'autres moins heureux, constamment rappelé par de cruelles souffrances à la pensée de cette souffrance suprême et de ce final déchirement que l'on nomme la mort.

C'est par une vue de l'esprit que j'envisage ma fin. Et, lorsque j'y ai cherché un moyen de me bien préparer au départ, lorsque j'ai plusieurs fois renouvelé mon sacrifice, — il faut le renouveler sans cesse, si souvent l'âme est tentée de reprendre ce qu'elle a donné, et de faire succéder la révolte et le murmure à la résignation! — alors la pensée de la mort me donne quelque trêve; du moins, si elle forme toujours le lointain du tableau, elle n'en occupe pas invariablement le premier plan.

Cette nuit, je ne dormais pas; mais aucune fièvre ne m'agitait. Je sentis que ma tête avait besoin de quelque aliment...

J'avais assez regardé du côté de l'avenir.

— Reportons-nous un peu vers le passé, me dis-je. Il y a là de riants horizons, sur lesquels mon esprit se reposera doucement; en même temps que mon imagination, mon âme ne peut que gagner à cette revue rétrospective. Qu'y trouverai-je, en effet, sinon de continuelles raisons pour bénir de plus en plus la divine Providence.

Plusieurs parlent de la mort comme d'un exil. L'idée me vint aussitôt qu'il y aurait une image plus juste.

Que de fois le voyageur ou l'exilé a rencontré sur une terre étrangère des cœurs amis et de douces habitudes qui lui ont fait prendre en patience l'éloignement de la patrie!... Lorsque tout à coup sont brisées les barrières qui le retenaient loin du pays natal, avec quelle joie il fait ses préparatifs de retour, dût-il encore, pour arriver jusqu'à son village, affronter bien des dangers et bien des fatigues! Mais, à côté de cette joie, joie sérieuse si l'exilé n'a conservé de la terre natale qu'un lointain souvenir, — peut-être même est-il né dans l'exil et ne connaît-il la patrie que par les récits de l'aïeul, — à côté de cette joie grave, n'y a-t-il pas une certaine douleur à quitter des êtres et des lieux auxquels on s'est attaché? Et ne prend-on pas plaisir à en repasser le souvenir?

Ainsi je disais avec le poëte :

« Repassons nos jours, si tu l'oses.
» Jamais l'espoir des matelots
» Couronna-t-il d'autant de roses
» Le navire qu'on lance aux flots ? »

Seulement, je suis plus juste que le poëte; et, depuis l'heure où je me souviens d'avoir dans le premier éveil de ma pensée, assisté au lancement de mon petit esquif, je ne vois pas qu'une seule des roses se soit fanée, dont l'espoir des matelots avait orné mon humble proue.

C'est peut-être pour cela que je meurs..... pour avoir été trop heureux. Peut-être est-il dans les décrets de Dieu et dans l'équitable répartition des biens et des maux, que celui-là meure jeune qui n'a jamais rencontré que des douceurs d'ici-bas!

Faut-il les redire, ô mon Dieu! ces douceurs dont vous avez entouré mes premiers pas dans la vie?

Quel père! quelle mère! — Un père en qui brillaient, avec le solide et charmant éclat d'un esprit profond et vif, sérieux et enjoué, une modestie, une simplicité, une ardeur surtout de foi et de charité bien rares, hélas! en ce siècle froid et raisonneur.... Une mère... On dit que c'est encore se louer que de louer ses parents. Je ne puis pourtant pas m'empêcher de dire que, toutes les fois que je lisais la Vie des Saints, je ne rencontrais pas de sainte, si élevée en vertus, pas de Monique, pas d'Élisabeth, pas de Claire, de Catherine ou de Thérèse, dont le portrait ne me semblât le portrait de ma mère!

Je les ai perdus, ces flambeaux et ces guides de mon enfance et de ma première jeunesse. Mais je me serais odieux à moi-même si je pouvais penser, parler, écrire, vivre, sans être plein de ce que je dois à ces bien-aimés parents, sans leur rapporter, par ma reconnaissance, qui n'égalera jamais le bienfait, tout ce que je puis valoir, tous les bons sentiments qui ont pu germer dans mon cœur. Tout ce que Dieu m'a donné, c'est par eux qu'il me l'a donné.

Ce sont eux qui m'ont appris à faire de la religion le fond, la base, la boussole, la consolation de ma vie. C'est grâce à eux, qu'au milieu de ces déchirements, la mort m'est encore douce. — Car je défie qu'un homme de 40 ans, heureux comme je le suis, et qui serait étranger aux divins appuis de la religion, puisse se sentir mourir sans pousser des cris de rage, ou sans tomber dans un muet et sombre désespoir.

Après mes parents, comment ne point parler de ma

sœur, de cette douce Thérèse, dont l'influence sur toute ma vie a été si considérable?

J'avais dix-huit ans à peine; je voyais s'ouvrir devant moi cette orageuse saison de la jeunesse. Préservé jusque-là de toute funeste contagion, j'entrais dans le monde, protégé par mon innocence, mais en même temps désarmé par mon inexpérience. Si respectueux et si confiant que je fusse envers mes parents, leurs conseils commençaient à me peser un peu; je voyais en eux comme un pouvoir modérateur chargé d'arrêter l'expansion de mes facultés. Je n'osais me l'avouer à moi-même; mais au fond de ma conscience, je me disais que mon père, ma mère, mon directeur, faisaient leur métier en me tenant tant de sages discours; qu'il y avait à en prendre et à en laisser... J'allais peut-être tomber dans ce déplorable éclectisme qui a perdu tant de jeunes gens. J'allais, véritable protestant, faire un triage entre mes croyances, entre mes pratiques, ne plus croire que ce qui agréait à ma raison, ne plus pratiquer que ce qui ne gênerait pas trop les naissantes exigences de mes passions.

C'est alors que commença l'apostolat de ma sœur. Elle me raisonna fort peu; elle ne me prêcha pas du tout. Mais elle reçut dans son cœur les confidences du mien; surtout elle m'entraîna par son exemple.

Dans tout l'éclat de la jeunesse et de la beauté, ayant fait un très-riche mariage, à la tête de la plus brillante société du pays, plongée tout entière et comme noyée dans le bonheur le plus pur et le plus enivrant (deux caractères qui ne s'excluent pas nécessairement, comme on le croit volontiers), toujours elle se montra, sans ostentation, mais sans faiblesse, la femme pieuse et forte par excellence.

Six enfants déjà commençaient sa couronne de mère chrétienne, à laquelle chaque année presque apportait un fleuron de plus.

Thérèse était pour toute la contrée une bénédiction; c'était comme une richesse publique dont chacun était fier. Autant elle supportait la prospérité sans y laisser engluer les ailes de sa foi et ses aspirations vers de plus hautes félicités, autant elle montra de patience dans une ou deux cruelles maladies par lesquelles il plut à Dieu de l'éprouver, autant elle reçut d'un front serein plusieurs coups terribles qui faillirent porter à sa fortune et à son bonheur intérieur une atteinte irrémédiable.

Ce spectacle me sauva. J'avais assez de foi pour comprendre où ma sœur puisait une si éminente vertu, un si admirable et si simple détachement de toutes les splendeurs qui l'entouraient. Quelques mots sortis du cœur et où Thérèse me dépeignait avec une tendre éloquence la désolation qui saisirait nos parents si, moi aussi, je dégénérais de leurs exemples et de leurs leçons, cette conviction que je portais au fond de moi que la religion seule était la source intarissable, non-seulement de toute vérité, mais de toute force morale et de toute joie durable, cette conviction, fortifiée et comme mise en scène par la vie de ma sœur, acheva de me décider à faire un effort et à reprendre ce joug que j'avais été tenté de secouer, au moins pour un temps, le joug de la croix, doux et léger pour ceux qui le portent d'un cœur humble et joyeux.

. . . .

Je serais un ingrat, si je ne mentionnais ici cette série de prêtres intelligents, pieux, dévoués, les pères et les tuteurs de mon âme, et qui ont semblé lui faire escorte depuis mes premiers ans jusqu'à ce jour de ma mort prématurée.

On rapporte que plusieurs jeunes gens ont été détournés de la persévérance dans la voie chrétienne, pour y avoir rencontré, sinon des prêtres indignes, du moins des prêtres médiocres, qui remplissaient comme un métier leur sacré ministère et ne s'attachaient pas suffisamment à combattre ces défauts que la sévérité publique voudrait ne jamais rencontrer chez les ministres de Dieu : la colère, ou du moins une impatience habituelle, certaine attache aux biens de ce monde, quelque penchant à la médisance, trop peu de mépris pour les vins fins et les friands morceaux.....

Quant à moi, Dieu merci, je n'ai guère connu, du moins au début de ma carrière, cette pierre d'achoppement.

Le *recteur* de mon village, qui me fit faire ma première communion, — le jeune vicaire qui instruisit mon adolescence en m'initiant à quelque connaissance élémentaire des études théologiques, — mon ami d'enfance, qui, à dix-huit ans, quitta le plus bel avenir humain pour entrer comme novice chez les jésuites; ces trois prêtres, et la plupart de ceux que je fréquentai, étaient de saints prêtres, de dignes représentants de la majesté divine. La religion, si belle en elle-même, semblait le devenir davantage en passant par leur bouche.

Je vous vois sourire d'ici, Gustave. Vous pensez au vieux curé de Sainte-Euphémie, n'est-ce pas? si emporté avec les paysans et si souple au château. Vous pensez à ce riche abbé que nous voyions chez ma tante, à Louveciennes, et qui passait toutes ses journées d'hiver à courir les ventes pour compléter sa collection de chinoiseries, toute la belle saison à voyager de château en château et à faire l'aimable avec les dames..... et vous me demandez d'un air narquois si je les place aussi dans mon panthéon de prêtres modèles.

Hélas! mon cher ami, je n'y place même pas beaucoup d'honorables ecclésiastiques qui s'acquittent de leurs fonctions avec la régularité d'un honnête chef de bureau et le scrupule du notaire le plus consciencieux.

Comprenez bien ma pensée. Je veux dire qu'au moment où j'entrais dans la vie, à cette époque où les impressions sont plus décisives peut-être que les raisonnements, Dieu m'a fait la grâce de me montrer de bons prêtres, de me mettre en relations intimes avec eux. Dieu a permis que la religion me fût enseignée par des voix dignes d'un si grand ministère.

Depuis, la leçon en sens inverse ne m'a manqué. Mais j'étais en âge de la porter. J'ai vu sans scandale quelques ecclésiastiques scandaleux, un plus grand nombre qui n'étaient pas à la hauteur de leurs saintes fonctions. J'ai vu sans scandale, je ne dis pas sans douleur, des prêtres assister tranquillement à cette espèce de déluge qui submerge la foi et les mœurs de leurs ouailles, et ne rien faire pour essayer d'arracher tant de pauvres âmes à la mort... J'ai vu, — hélas! qui ne le voit? — des ecclésiastiques qui n'étaient pas des saints. J'en ai eu le cœur navré.

Mais, pour me consoler, j'ai pensé à tous ces hommes de Dieu, type achevé du véritable sacerdoce. Surtout, je me suis dit que les prêtres appartiennent à l'humanité; qu'ils doivent, comme tels, porter les traces de l'humaine infirmité. J'ai pensé surtout que cette œuvre admirable de Dieu, l'Église, serait moins admirable, ce semble, si Dieu en avait confié la direction et tous les ministères à des anges seulement. Quand on voit le sacerdoce et l'Église subsister en dépit de quelques membres pervers, d'un grand nombre de membres tièdes et languissants, on se fortifie dans cette idée qu'il ne faut point confondre la personnalité du prêtre avec la doctrine dont il est le porte-voix... Sans doute nous devons prier pour que tous nos prêtres soient des saints, parce que le vulgaire ne juge qu'à travers eux de la sainteté de notre foi. Mais, en principe, il faut vénérer le caractère divin d'une institution qu'aucune circonstance humaine ne saurait entamer. Il faut glorifier Dieu, le remercier d'un tel bienfait. Il faut, sans nous préoccuper de la faiblesse, de l'indignité même de quelques matelots, embarquer à tout jamais toutes nos espérances sur la barque divine de l'Église :

« *Hæc est cymba quâ tuti vehimur!* »

Et mes amis! Cher Gustave, ce n'est pas à vous que j'apprendrai ce que vaut l'amitié chrétienne.

Nous étions bien faibles à dix-huit ans, vous et moi, et bien d'autres qui pourtant avions résolu de vivre en chrétiens, au milieu des embûches de la grande ville. — Je ne dis pas que nous n'ayons jamais fait de chutes. Mais, à coup sûr, nous nous sommes toujours relevés.

Après le secours divin des sacrements, quel est le moyen humain dont Dieu semble s'être plus particulièrement servi pour nous protéger, sinon notre mutuelle amitié? Nous étions un petit bataillon, bien serrés les uns contre les autres et bien décidés à repousser à la baïonnette, du moins les ennemis du dehors.

Jamais le respect humain ne fit invasion parmi nous. Isolés, il nous eût fallu de l'héroïsme pour affronter le fantôme. Réunis, nous n'avions besoin que d'un peu de courage. Béni soyez-vous, mon Gustave, et avec vous tant d'autres de mes amis, dont l'exemple m'encouragea toujours, et avec qui je ne craignis jamais de me jeter, tête baissée, au plus fort de la mêlée!

Mais tout ce qui précède, ce n'a été, vous le savez, Gustave, que comme l'introduction à mon bonheur.

Depuis quinze ans, ma vie est assise dans la paix, et dans une joie trop complète, je le confesse, pour ce bas monde . . . .

A mesure que mon bonheur intérieur augmentait, par le fait seul de sa prolongation, — car je le sentis complet dès le premier jour, — ma santé s'affaiblissait. Et je puis dire que j'en souffris à peine.

Dieu me laissant dans leur intégrité mes facultés, le travail intellectuel devint à la fois mon état et mon repos. Avec quelle parfaite sécurité j'abdiquai entre les mains de ma Louise tout le soin intérieur et extérieur de nos affaires, toute la première éducation de nos enfants!

Être soigné par ceux que l'on aime est une douce chose. Comme un enfant, doucement endormi dans les bras de sa mère, j'étais sans souci pour l'avenir, confiant dans le bien-aimé pilote qui avait la direction de notre petite barque.

Je travaillais à côté de Louise, près du berceau de nos enfants, et je me promettais encore de longues années de ce tranquille bonheur.

Quelquefois cependant ce bonheur m'effrayait, et je confiais mes terreurs à Louise.

— Ce que Dieu voudra demain, nous le voudrons,

disait-elle. Aujourd'hui, il nous veut heureux. Bénissons-le, remercions-le. Répandons autour de nous le plus possible de ce bonheur, pour que Dieu nous le pardonne et nous le conserve... Sachons surtout nous contenter de peu .. Nous sommes riches. Il me semble que, fussions-nous pauvres, nous serions heureux encore, si nous étions conservés l'un à l'autre, et si ces berceaux nous restaient. »

Hélas!

V.

Voici sans doute ma dernière lettre, cher Gustave.

Ma plume tremble, comme Bailly, non de peur, — il me semble que je suis rassuré, — mais de froid, du froid de la mort qui s'approche et couvre mes membres d'une moiteur glacée.

Je n'ai que deux mots à vous dire : J'ai été administré hier.

Il y a plusieurs semaines que j'aspirais après ce bonheur. L'état de ma santé ne me permettant plus de passer un quart d'heure sans humecter ma gorge de quelque tisane, je ne pouvais communier qu'en viatique...

J'étais donc, depuis plus de quinze jours, privé de cette consolation, de ce rafraîchissement, de cette force, de cette joie que le chrétien, lorsqu'il souffre en son corps ou en son âme, puise dans la participation à la divine Eucharistie.

Cette privation ne pouvait durer plus longtemps. Je suppliai que l'on m'apportât les derniers sacrements.

Hélas! je n'y avais que trop de droits! Tout le monde autour de moi le sait bien, je le sais moi-même, ce qui me reste à vivre ne se compte plus par semaines, à peine par jours, peut-être par heures!... Je ne suis pas de ceux, Dieu merci! que la vue des prêtres de Jésus-Christ ait jamais effrayés. Surtout je suis de ceux que la vue de son corps adorable a toujours remplis de confiance et d'un saint enthousiasme.

En ce moment surtout, prêt d'aborder aux rivages de l'éternité, près d'y rencontrer le Seigneur Jésus comme mon juge, je voulais encore une fois le sentir près de mon cœur comme mon Sauveur, comme mon ami, comme mon frère, comme un autre moi-même... J'approchais du dernier combat. Ne fallait-il pas me hâter de recourir aux derniers secours?

Le saint prêtre qui m'a, encore une fois, apporté le corps de mon Maître, nous a dit quelques paroles touchantes, mais surtout fortifiantes. Nous n'avions pas besoin d'être émus, mais raffermis.

Il semble, lorsque l'on a longtemps lutté contre quelqu'une de ces maladies qui arrivent escortées de violentes douleurs, que, même humainement parlant, la mort soit une espèce de délivrance. Ce frêle édifice de notre corps que le dernier coup va briser, il est déjà ébranlé jusque dans ses fondements ; quelquefois la corruption même l'a déjà envahi.

Mais le poitrinaire qui meurt dans la pleine possession de lui-même, qui souffre à peine, mais s'éteint peu à peu ; le poitrinaire, si sujet aux illusions, qu'un instant avant l'agonie il se croit à la veille du rétablissement et forme de longs projets d'avenir ; le poitrinaire est presque comme ce condamné à mort, qui va livrer au bourreau, pour en faire un cadavre, un corps plein de santé.

Il semble qu'alors le sacrifice soit plus difficile ; car, pour sentir la mort à sa porte, il faut presque un acte de foi ; — un acte de foi à la science du médecin.

C'est sur la nécessité de ce sacrifice, c'est sur son immense mérite, sur les grâces qu'en tireraient tous les membres survivants de ma famille, qu'insista le bon abbé ***.

Mes pauvres enfants pleuraient autour de moi, et aussi tous les domestiques. Mon frère, venu la veille de Sainte-Euphémie, éclatait en sanglots. Seules, ma femme et ma sœur domptaient leur douleur, pour ne point ébranler mon courage.

Les choses qu'elles me dirent furent admirables. Je les voudrais recueillir, mais ma mémoire s'obscurcit... Je sais seulement qu'elles et moi nous répétions, du cœur plus encore que des lèvres, et sans que notre résignation se permît la moindre réserve : *Fiat voluntas tua.*

J'ai prié beaucoup pour ceux que j'aime, pour vous Gustave, tout particulièrement.

Adieu!... ou plutôt : A Dieu! Je vais prier encore. Les médecins m'accordent les uns douze heures, les autres vingt-quatre.

Il est juste que ces derniers instants soient tout entiers consacrés au souverain Maître du temps et de l'éternité.

Quand vous recevrez cette lettre, priez Dieu qu'il ait pitié de mon âme.

VI.

« Alleluia! Alleluia! » Je cherche en vain une exclamation plus joyeuse à vous envoyer, cher Gustave.

Je me mets à votre place, mon ami. Vous attendez tous les jours une lettre de mon frère ou de l'abbé *** qui vous raconte ma fin édifiante. Après tout ce que je vous ai écrit, vous êtes bien persuadé que ma dernière heure a sonné depuis longtemps, et vous priez Dieu pour l'âme de votre ami.

Merci, Gustave, de vos prières. Vous priiez pour moi mort. Priez pour moi vivant. Malade, moribond, mort ou ressuscité, j'ai toujours grand besoin de prières.

Comme Ézéchias, j'ai entonné, il y a quinze jours déjà, le cantique de la convalescence.

En se sentant revivre, un saint aurait eu besoin d'une grande résignation aux volontés divines, pour consentir à reprendre ainsi le *fardeau renaissant des jours*. Hélas! que je suis loin d'être un saint! Je sens qu'il me faudrait des efforts héroïques pour ne pas éclater en transports, maintenant que je suis bien convaincu de ma résurrection. Et, après tout, pourquoi chercherais-je à comprimer cette explosion de ma reconnaissance!

Dieu, qui a vu ma résignation à mourir, ne m'en voudra pas, j'en ai la confiance, de la joie avec laquelle je me sens revivre. Ce n'est pas apparemment pour m'affliger qu'il a exaucé, au dernier moment, et d'une manière si inopinée, les prières des miens.

Mais vous me demandez comment s'est accomplie cette inespérée guérison.

C'est tout simplement un miracle accordé par la divine Providence à la foi de mes deux fils.

Il y avait huit jours que les médecins m'avaient condamné. Je ne remuais plus, je ne mangeais plus; j'avalais à grand'peine quelques cuillerées de bouillon; je croyais parler, et je murmurais seulement des mots inarticulés; j'entrais dans une sorte de léthargie de mauvais augure. On attendait à chaque instant ma dernière heure.

Tout à coup, un samedi matin, Georges et Théobald demandèrent la permission d'aller prier pour moi à Notre-Dame-des-Victoires. Leur mère saisit avec empressement cette occasion de les éloigner du triste spectacle de mon agonie, et ils partirent avec la vieille Victoire.

C'est par elle que j'ai su que, dans la voiture, ces chers enfants, fondant en larmes, s'étaient écriés : « Oh ! que nous serions malheureux de perdre notre » père ! La sainte Vierge peut nous le conserver, si » elle le veut. Nous allons le lui demander avec tant » d'insistance, qu'il faudra bien qu'elle nous l'ac- » corde. »

Et, arrivés à l'église, devant cet autel témoin de tant de supplications et de tant de larmes, ils sont restés plus d'une heure, répétant tout ce qu'ils savaient de prières, disant leur chapelet, conjurant la sainte Vierge d'avoir pitié d'eux et de leur rendre leur père.

Victoire m'a dit que c'était un spectacle admirable de voir ces jeunes âmes tout entières absorbées par la prière et comme étrangères à tout ce qui se passait autour d'elles.

Après une heure environ, Georges et Théobald se levèrent.

En rentrant dans la voiture, tous deux, sans s'être donné le mot, s'écrièrent ensemble : « La bonne Vierge » nous a exaucés ! Notre père nous sera rendu ! » — Et, Victoire essayant de discuter cette certitude, tous deux, comme scandalisés, répliquèrent : « Doutez-vous de la puissance de la sainte Vierge? »

Victoire céda; et elle aussi fut persuadée que les prières de ces innocents avaient été exaucées. Elle se souvint de cette parole du divin Maître, et la répéta d'un cœur joyeux : « Je vous rends grâces, ô mon Père, » parce que vous avez caché ces choses aux sages et » aux savants, et que vous les avez révélées aux hum- » bles et aux petits. » — Ces choses-là, c'était la toute-puissance de la prière. Georges et Théobald, qui en avaient entendu souvent parler, avaient pris au pied de la lettre tout ce que l'Evangile contient de merveilleux à ce sujet. Et la lettre ici, c'est l'esprit.

A leur retour, mes deux fils vinrent se précipiter dans ma chambre, en s'écriant : « Notre père est guéri ! »

De fait, je sortais de ma léthargie; je demandais à manger. Mon front n'était plus baigné des sueurs avant-courrières de la mort. Je me sentais revivre. Et quand, mes enfants partis, Victoire m'eut raconté leur expédition, je ne doutai pas que je ne leur dusse la vie.

Il y a de cela plus de quinze jours. Les médecins, qui m'accordaient alors vingt-quatre heures de vie, reconnaissent que je suis entré en pleine convalescence.

Ils m'ont ausculté, et n'ont plus rien retrouvé des signes caractéristiques de la phthisie, dont je portais, depuis six mois, les symptômes les plus alarmants.

Ils sont bien embarrassés d'expliquer cet heureux revirement. Ils n'osent l'attribuer à mon traitement, puisque, depuis trois semaines, ils avaient déclaré leur impuissance et dit ouvertement qu'il fallait me laisser mourir en paix. Ils parlent vaguement des ressources inépuisables de la nature. — Je crois pourtant qu'il y en a un, à moitié chrétien, que cette soudaine guérison a bien ébranlé.

Quant à mon frère, je viens de le voir. Comme je suis sûr qu'il a encore de la foi, je lui racontai la chose, telle que je la crois. — « Oh ! que je suis misérable ! » s'est-il écrié d'un ton qui me donna bon espoir.

Mon Dieu ! si c'est sa conversion qui se prépare, ç'aura été vraiment un bien que ma guérison.

Que vous dirai-je de plus? Vous peindre la joie recueillie de ma femme et de ma sœur, la bruyante jubilation de mes enfants et les larmes de ma pauvre Victoire, ce serait chose impossible... Votre cœur vous racontera tout cela bien mieux que ne feraient mes paroles.

Je recommence donc à vivre. Priez Dieu, cher ami, que ce soit pour le bien de tous ceux qui m'entourent, pour le bien de mon âme, et que, deux fois débiteur envers la divine Providence du bienfait de l'existence, je consacre à Dieu, à l'Eglise, à la propagation des vraies doctrines, à la régénération de la société, — si grande que soit cette œuvre, les plus humbles ouvriers y doivent travailler, — que je consacre à Dieu, sous toutes les formes possibles, cette vie que Dieu m'a rendue!

FIN.

UN MARIAGE SÉRIEUX

OU

X. Y. Z.

UN MARIAGE SÉRIEUX OU X. Y. Z.

CHAPITRE PREMIER

CAROLINE.

— Dire que demain, 25 novembre 1842, j'aura vingt-cinq ans! Demain, justement fête de sainte Catherine, je vais coiffer « ladite sainte, » comme disait ce commissaire de police de Sainte-Menehould!... Et pourtant, il ne me semble pas que j'éprouve pour cette opération le moindre attrait... Je ne suis ni plus laide, ni plus sotte, ni plus méchante, ni plus mal élevée qu'une autre. Mes parents sont riches, très-riches. Ils se portent bien. Ils n'ont que faire de moi. Pourquoi donc ne me marierais-je point, tout comme Joséphine, Camille, Elisabeth ou Nathalie? »

Tel est le résumé très-succinct du discours que s'adressait à elle-même, le 24 novembre 1842, vers dix heures du soir, dans une mansarde de la rue Saint-André-des-Arcs, Mlle Caroline de Penhoat.

Ici mon lecteur m'arrête.

— Prenez donc garde, cher auteur, me dit-il, de ne point tomber, dès le seuil de votre histoire, dans des contradictions grosses comme des maisons. Votre héroïne dit que ses parents sont riches, très-riches ; et elle habite une mansarde ! Quoi de plus invraisemblable ?... A moins toutefois que, laissant le sire et la dame de Penhoat se morfondre dans leur château du même nom, — qui doit être situé sur quelque colline bien sauvage, au fin fond de la Basse-Bretagne, — Mlle Caroline ne soit venue à Paris, pour être plus à portée des demandes en mariage que ne pouvaient manquer de lui adresser, à l'envi les uns des autres, grands d'Espagne, boyards de Valachie, lords anglais et principicules allemands. Si tel est le cas, ma foi, la demoiselle est punie par où elle a péché. Et j'avoue que ni la mansarde ne me déplaît, ni cette chère sainte Catherine à coiffer demain. Seulement, qu'est-ce qui vous forçait à prendre pour héroïne une péronnelle si peu intéressante ?

— Et patati, et patata... Si nous n'avions, vous et moi, impatient lecteur, un peu oublié notre grec, je vous citerais, dans la belle langue d'Homère, un proverbe qui assure que, chez plusieurs, la langue court plus vite que la réflexion.

Veuillez donc, pour le quart d'heure, remettre votre langue dans le fourreau et ouvrir toutes grandes vos deux oreilles. Il y a un moment pour parler, dit le sage, et un autre pour écouter. C'est maintenant le moment d'écouter.

C'est aussi le moment de regarder.

Imaginez-vous donc, s'il vous plaît, qu'au lieu d'être dix heures du soir, il n'est encore que dix heures du matin, et entrons ensemble au n° 48 de la rue Saint-André-des-Arcs.

Traversons une première cour qui n'est pas déjà trop claire ni trop gaie, et montons l'escalier n° 3, — un escalier en colimaçon, comme on dit, et où il semble qu'en effet d'énormes colimaçons aient, pendant des siècles, accumulé à plaisir sur les marches et le long du mur ces sillons visqueux qu'ils laissent partout après eux ; tant l'escalier lui-même est gras et glissant, tant on voit suinter et reluire sur les murailles la plus malpropre des buées !

Au cinquième étage, à droite, une carte de visite, clouée sur la porte, nous apprend que là est la demeure de

M. LE COMTE GASTON DE PENHOAT,
Ancien capitaine de la garde royale,
Chevalier de Saint-Louis.

Le premier sentiment qui vous saisit, à l'inspection

de ce petit carré de carton, est un sentiment de respect et de pitié.

« Hélas ! vous dites-vous, il y a là un homme appartenant à une ancienne et illustre famille. Les révolutions et sans doute un noble scrupule de conscience ont brisé son épée. Il a perdu la position honorable qui était l'unique gagne-pain de sa femme et de son enfant. Le voici, depuis plus de douze ans, réduit, ou peu s'en faut, à la détresse. » Car, avant d'avoir franchi le seuil de M. le comte de Penhoat, on sent bien qu'un semblable escalier ne peut conduire qu'au plus misérable des logements.

Ici encore, ami lecteur, suspendez un tantinet votre jugement.

Entrons. Voici M. de Penhoat qui se réchauffe à un rayon de soleil, égaré, je ne sais comment, dans sa mansarde : il lit un n° de la *Gazette de France*, dont l'aspect huileux indique qu'on l'a eu par-dessus le marché, en achetant la dernière demi-livre de beurre qui a paru dans ce pauvre domicile.

A l'autre fenêtre, une chaufferette sous les pieds, Mme de Penhoat cherche à faire un chapeau neuf et élégant avec de vieux rubans gras et fanés.

Dans la cuisine, grâce à la porte entr'ouverte, on aperçoit Mlle Caroline qui prépare le déjeuner. Du pain de munition, dur comme du biscuit de mer et grillé pour le rendre mangeable, du lait baptisé et rebaptisé, et cette liqueur brunâtre que nos ancêtres appelaient du café et que nous devrions appeler, nous, de la chicorée, voilà le fond du repas. »

Il y a bien aussi un reste de bœuf bouilli que Caroline réchauffe en forme de miroton... L'odeur du roux remplit l'appartement tout entier et déborde jusque sur l'escalier... Dès le second étage, quoique je sois à jeun, il m'a semblé que j'avais déjeuné.

Maintenant, voulez-vous l'historique de ces trois personnages ? La science infuse que possède tout auteur me permet de vous renseigner très-exactement.

La carte que nous en avons vue entrant ne mentait pas. Elle disait la vérité, mais point toute la vérité.

M. de Penhoat est, en effet, un ancien officier de la garde royale, démissionnaire en 1830, pour refus de serment. Mais le sacrifice lui avait été moins pénible qu'à d'autres : il était riche. Plus de vingt-cinq mille livres de rente pour vivre dans un castel de la Basse-Bretagne, quand on n'a qu'une fille, c'était pour M. et Mme de Penhoat, « un bien joli chiffre, » comme on dit aujourd'hui.

Malheureusement, après 1830, l'oisiveté vint fondre sur M. de Penhoat. Il voulut la fuir et se réfugia dans un mal pire. Ne pouvant plus servir son roi en exil, ne voulant pas servir celui qu'il appelait « l'usurpateur, » il se mit, pour s'occuper, à servir un tyran que l'on nomme l'argent.

Il commença par thésauriser.

Cette forme rudimentaire de l'avarice dura cinq ou six ans. Mieux renseigné, la sixième année, il essaya de placer ses revenus.

Il s'était accointé, par correspondance, avec un très-habile courtier-marron parisien, lequel lui conseilla de confier aux hasards de la Bourse, une centaine de mille francs. Grâce à des manœuvres hardies et sages à la fois, en deux ans M. de Penhoat quadrupla cette première mise de fonds. Puis, à leur tour, les 400,000 fr. se multiplièrent.

Vers 1839, le chevalier, — quoiqu'il fût comte, on l'appelait souvent ainsi, à cause de sa croix de Saint-Louis,—le chevalier, dis-je, résolut de quitter Penhoat pour venir à Paris.

D'une part, il voulait surveiller de plus près ses opérations financières. D'un autre côté, il considéra qu'en Basse-Bretagne, connu de tout le département, il rencontrait sans cesse des occasions de dépense qu'il ne pouvait absolument pas éviter. C'étaient des souscriptions pour des légitimistes ruinés ou persécutés. C'étaient de pauvres diables qui venaient frapper à la porte de Penhoat; leur refuser le gîte ou le souper, eût été se couvrir de honte aux yeux de toute la population. Puis, il fallait bien quelquefois traiter ses parents et ses voisins. Les Bretons ont reçu du Ciel, qui ne le sait? de fameux appétits, et des soifs plus fameuses encore. On avait donc beau s'en tenir au strict nécessaire : le pain, le vin ou le cidre, la grosse viande et le fromage, — tout cela, au bout du mois, faisait une dépense que notre richard, en train de devenir millionnaire, ne pouvait considérer sans frémir, ni solder, sans qu'il lui semblât qu'on lui arrachait une portion notable de son cœur.

A Paris, en se logeant dans quelque quartier écarté, en ne nouant aucune relation, il pourrait cacher sa fortune, comme d'autres réussissent à cacher leur misère.

Sauf cet affreux travers de l'avarice, et sauf que vous eussiez difficilement rencontré de la barrière de l'Étoile à la barrière du Trône, un plus parfait égoïste, M. de Penhoat n'était pas précisément un méchant homme.

Il ne battait jamais sa femme ; il ne la bourrait même pas, il se contentait de la mépriser cordialement. Car Mme de Penhoat, — le croiriez-vous, avec un tel mari ? — Mme de Penhoat était dépensière, du moins elle eût aimé à l'être, si son seigneur et maître n'y eût mis bon ordre.

Après son coffre-fort et toutes les dépendances et appartenances d'icelui, le chevalier n'aimait guère qu'une chose au monde : c'était sa fille. Et encore comment l'aimait-il ?

Deux mots suffiront au portrait de la mère de Caroline : c'était une femme futile.

Elle avait jadis quitté sans regret son manoir de

Penhoat, les landes de sa Bretagne, et cet horizon au milieu duquel s'était écoulée son enfance. Tout cela disait peu de chose à son cœur et rien du tout à son imagination. Elle avait toujours trouvé la campagne triste, et rêvé d'habiter la ville... la ville où l'on ne sort jamais en sabots et où une toilette recherchée est de rigueur.

Ignorant les projets de son mari, ce fut donc avec ivresse qu'elle accueillit la proposition d'aller se fixer à Paris.

Bien qu'elle n'eût jamais connu que très-vaguement les magnifiques affaires que faisait le chevalier, elle fut indignée, quand elle vit à quelle maigre ration la mettait M. de Penhoat.

Elle pouvait être indignée, tant qu'il lui plairait... M. de Penhoat laissa s'épuiser cette colère de femme, et n'ajouta pas un centime à la somme — misérable assurément — qu'il avait arrêtée d'avance dans les conseils de sa haute sagesse. Seulement, Mme de Penhoat était libre de dépenser à sa guise sa pension de vingt-cinq francs par mois.

Il en résulta qu'elle manqua souvent du nécessaire, en fait de toilette, mais, qu'en revanche, elle se donna des chapeaux absurdes et des pardessus dont la prétentieuse élégance jurait de la façon la plus ridicule avec le reste de son accoutrement.

Arrivons à notre héroïne.

Nous avons dit qu'elle avait vingt-cinq ans. Elle

était aussi loin de la frivolité de sa mère que de l'avarice de son père. C'était une fille sérieuse, belle, et ayant dans ses traits, malgré sa petite taille et son inaltérable douceur, quelque chose qui révélait « la femme forte. »

On voyait sur son visage les traces des privations de tout genre, et des chagrins profonds au milieu desquels s'écoulait sa vie. Mais on s'apercevait en même temps que, grâce à une vigoureuse constitution, sa santé n'était pas encore atteinte. Quinze jours seulement d'une existence plus riante et plus large la feraient reverdir, comme ces plantes que l'on croit fanées et qu'un peu d'eau redresse en quelques minutes.

Surtout on lisait, dans son regard calme et ferme, que derrière ce regard il y avait un esprit qui n'était pas abattu; qu'elle supportait tout avec résignation, mais qu'elle n'avait point jeté le manche après la cognée, ni perdu l'espoir de voir enfin tomber sur elle cette rosée qui devait ranimer l'éclat de ses yeux et la fraîcheur de son teint.

Vous imaginez-vous, cher lecteur, ce que doivent être les aspirations d'une pauvre fille de vingt-cinq ans, ayant la conscience que ses parents sont riches, et néanmoins souffrant toutes les privations de la pauvreté?

Elle voudrait une mise décente : la sienne l'est à peine; une nourriture suffisante; un appartement où l'on montât par un escalier moins dégoûtant, et qui eût une autre vue que celle de cette cour infecte... Je ne parle pas d'élégance, mais seulement de salubrité.

Et la campagne, et les voyages! Croyez-vous que, quand on sent sa vie se consumer au milieu des brouillards de Paris, dans un quartier où la saleté et l'humidité cessent à peine — pour se convertir en miasmes pestilentiels — aux chaleurs suffocantes de juillet et d'août; croyez-vous qu'on n'éprouve pas un violent besoin d'air pur, de promenade au fond des bois ou à travers les prairies, d'un peu de ciel, de jour et de soleil?... Une maisonnette à Pantin ou à Montrouge, le classique voyage du Havre, ce serait pour cette pauvre plante étiolée, du bonheur... oui, du bonheur à revendre.

Nous n'avons parlé presque que des privations matérielles; et ce n'est rien encore.

On a vu des jeunes filles attachées au lit de douleur de leur mère paralytique, obligées d'être à la fois servantes, gardes-malades, ouvrières, n'ayant, pour soutenir une frêle santé, qu'une très-insuffisante ration d'air et de nourriture; on les a vues heureuses cependant...

Quand deux cœurs battent à l'unisson, quand ils voient tous deux s'allumer en haut leur flamme intérieure, quand ils regardent la vie sous le même aspect, quand ils se soutiennent l'un l'autre à l'heure du découragement, en vain leur joug est pesant, et leur fardeau en apparence intolérable; en vain ils sont sevrés, non-seulement de toutes les jouissances d'ici-bas, mais des plus indispensables aises de la vie. Ne dites pas qu'ils sont pauvres ni qu'ils sont malheureux.

Outre le souverain Consolateur, outre Celui qui a dit que son joug était doux et son fardeau léger, ces deux cœurs se possèdent l'un l'autre. Leurs angoisses peuvent être vives. Quelquefois même il leur semblera que la pointe la plus aiguë de ces angoisses, c'est pour la mère la douleur de sa fille, ce sont pour la fille les chagrins de sa mère. Le jour où l'une des deux vient à disparaître, l'autre est bien forcée de reconnaître, au redoublement de sensibilité de son pauvre cœur saignant, que la communauté des souffrances les calme bien plus qu'elle ne les accroît.

Pouvoir verser son âme dans une âme amie, surtout quand au doux lien de l'amitié s'ajoute le lien sacré du sang ; pleurer sur le sein de sa mère, se dévouer pour celle à qui on doit la vie, et, à mesure que se déroule ce long enchaînement de sacrifices quotidiens dont se compose le grand sacrifice, trouver sa récompense dans un sourire, dans un regard, dans un serrement de main, dans deux mots de cette voix épuisée : « Dieu te le rende, ma fille ! » — Oh ! oui, même au milieu des privations, des douleurs ; même à côté de la maladie, de la pauvreté, des ingratitudes et de l'oubli du reste du monde... c'est encore le bonheur.

Et quand la pauvre Caroline se regardait elle-même et ses tristes parents, et qu'elle lisait dans quelque livre, ou que, simplement, elle se représentait, par un facile effort de son imagination, ce tableau que nous venons d'esquisser, de grosses larmes montaient à ses paupières.

— Ah! disait-elle quelquefois, je ne veux même pas élever si haut mon ambition. Si du moins il m'était donné de me dévouer à mes parents! Après le don mutuel de l'amour et de l'amitié, même le sacrifice par lequel on donne sa vie, ses soins, ses nuits, son travail, même ce sacrifice, et ne fût-il pas payé de retour, doit être une chose douce... Je ne puis me donner à mes parents. Je ne leur rends même pas les offices d'une infirmière. Ils se portent bien, ils sont riches. Je suis leur servante, non parce qu'ils ne peuvent payer une mercenaire, mais parce que mon père trouve fort doux de garder dans ses coffres les vingt-cinq francs par mois qu'il donnerait à une femme de ménage... Mais, moi absente, que perdraient mes parents? Rien. C'est à peine s'ils m'aiment, et je leur suis inutile... Oh! je suis bien malheureuse...

Caroline mit sa tête dans ses mains et se prit à pleurer.

- -

Étrangère au sentiment religieux, son chagrin se fût bien vite tourné en désespoir... Heureusement pour elle, Caroline était chrétienne, profondément chrétienne.

— Allons, se dit-elle en se relevant, Dieu le veut. Ne dois-je pas le vouloir avec Lui? C'est ainsi que se gagne le ciel ; et me plaindrai-je d'être menée par ce chemin âpre et sanglant, mais plus sûr que les sentiers fleuris ? »

Caroline était résignée... Elle avait horreur de la révolte, même du murmure contre les divines volontés... Mais, après tout, Caroline était jeune, et sa jeunesse demandait à faire explosion... Aussi, de fil en aiguille, elle revint à sa première exclamation :

— Dire que demain, 25 novembre, je vais avoir vingt-cinq ans et coiffer sainte Catherine !...

Caroline sentait sa vie s'épuiser dans cette prison de la rue Saint-André-des-Arcs.

Comment retrouver l'air vivifiant dont ses poumons avaient besoin ? Comment échapper aux étreintes de cette misère volontaire, — volontaire de la part de M. de Penhoat — et surtout à cette désolation et à cette solitude du cœur qui la faisait mourir, comment... autrement que par le mariage ?

Caroline était un esprit élevé, mais point du tout une nature romanesque. Elle ne rêva donc ni d'un brillant cavalier, ni d'un Adonis, ni d'un Crésus, ni d'une existence oisive qu'une adoration mutuelle remplirait tout entière.

Non, elle rêva d'un homme sage et sérieux qui joindrait sa destinée à la sienne. Elle rêva d'une carrière occupée, laborieuse, pénible quelquefois, mais dont les peines auraient un but et une consolation.

— Prier, travailler, aimer, souffrir avec quelqu'un qui se soit donné à moi comme je me serais donnée à lui, avec un noble cœur qui entende et pratique la vie en honnête homme et en chrétien... serait-ce une folle ambition? Et ne sera-ce jamais mon lot? »

Telles furent non les réflexions, mais tel fut le songe de Caroline : car il est de nouveau dix heures du soir, et Caroline s'est endormie dans son fauteuil. Éveillée, elle eût chassé même ces regrets et ces rêves inutiles.

— Mon chemin est rude, se dit-elle en se réveillant. A quoi bon m'amollir par toutes ces imaginations?

Il était dit cependant que, cette veille de sainte Catherine, les pensées de mariage obséderaient notre héroïne jusqu'à la fin.

Je ne sais pourquoi elle déplia le journal que nous avons vu M. de Penhoat lire tout à l'heure, et qui, je ne sais non plus comment, était maintenant sur la table de nuit de sa fille.

Tout à coup de la quatrième page, et au milieu des lits de fer, de la moutarde blanche, des maisons à vendre, des parfumeries anglaises et de l'éloquence rivale des William Rogers, des Fattet et des Désirabode, deux mots se détachèrent qui captivèrent invinciblement l'attention de Caroline : MARIAGE SÉRIEUX.

Caroline crut qu'elle rêvait encore. Elle se frotta les yeux; puis elle lut le développement de ce titre affriolant et bizarre :

« Un jeune veuf, grand, propriétaire, sans enfants,
» demande une jeune veuve ou demoiselle, ayant une
» centaine de mille francs disponibles.—Répondre aux
» initiales X. Y. Z., poste restante, Paris. »

— C'est étrange, dit-elle, et ne dirait-on pas que cette annonce est faite pour moi?... Moi qui ne touche jamais un journal, comment ai-je ouvert celui-ci? Comment ai-je jeté un coup d'œil sur cette sotte quatrième page? Vraiment, je serais tentée de voir dans cette rencontre quelque chose de providentiel... »

Puis, une fois encore, elle imposa silence à sa tête qui commençait à « travailler. » Elle fit sa prière dans le plus profond recueillement, brûla le journal et se coucha.

Mais, pendant le sommeil, l'imagination a coutume de reprendre le dessus et de se venger ainsi des triomphes que, durant le jour, remportent sur elle la raison et la volonté.

A peine endormie, Caroline se mit donc à commenter ce *mariage sérieux*.

— Que voulez-vous? se disait-elle. Il me semble que je serais coupable de négliger cet avertissement d'en haut... Sans doute, c'est ridicule, de chercher à se marier au moyen des annonces d'un journal, presque plus ridicule que de s'adresser à M. de Foy... Mais que voulez-vous? je n'ai pas le choix des moyens. Je ne vois personne. Personne donc ne me saurait tirer de cette horrible prison. Le premier qui soit venu m'y chercher est encore ce monsieur X. Y. Z... »

Et toute la nuit se passa à méditer, à rédiger, à déchirer, à recommencer une réponse à ce mystérieux prétendant.

CHAPITRE II.

U. V. W. à X. Y. Z.

En se réveillant, Caroline fut fâchée contre elle-même de voir que cette sotte vision de mariage ne l'avait pas quittée de la nuit.

Elle fut bien plus fâchée encore, quand elle vit que le jour ne semblait pas vouloir dissiper ces nuages dorés, et que, quoi qu'elle fît, l'annonce de la *Gazette de France* demeurait le point central de toutes ses pensées.

Caroline était une fille résolue.

— Il faut en finir se dit-elle; ou chasser à jamais ces imaginations, ou les accueillir, si elles sont raisonnables, et agir en conséquence. »

Elle se mit donc à réfléchir. Ou plutôt il lui suffit de se rappeler quelques-unes des réflexions qui l'avaient occupée pendant son sommeil : depuis onze heures du soir jusqu'à six heures du matin, elle avait tourné la question dans tous les sens... Elle avait fait plus. Amenée à conclure qu'il fallait agir, c'est-à-dire répondre, elle avait essayé, je l'ai dit, plusieurs rédactions.

L'une, la dernière, était demeurée si bien gravée dans son esprit, qu'à peine Caroline eut-elle pris la plume, comme pour chercher ses idées, ses idées coulèrent d'elles-mêmes. En moins d'une heure, elle se trouva avoir écrit, sans surcharge ni rature, la lettre suivante :

« Monsieur,

» Ma première préoccupation en vous écrivant, — sans avoir pu, pour cette démarche insolite, prendre conseil que de ma raison et de ma conscience, et de Dieu, bien entendu, que je viens d'invoquer avec ferveur, — ma première préoccupation, c'est la crainte que vous ne pensiez mal de moi.

» Sans doute vous seriez injuste, en vous montrant sévère pour une pauvre fille dont vous avez vous-même, par votre annonce du 21 courant, provoqué les confidences. Mais si je n'étais pas dans la triste position que je vous dirai tout à l'heure, je vous assure que je serais bien plus sévère encore envers moi-même, et qu'il faut les angoisses de cette triste position pour que je me pardonne l'étrange conduite que je tiens aujourd'hui.

» Avouez, d'ailleurs, que nous sommes à deux de jeu. S'il est contraire à la réserve que devrait s'imposer une jeune fille de mordre à l'hameçon que lui tend la quatrième page de votre journal, il est inexplicable qu'un homme posé comme vous l'êtes, d'après votre propre témoignage, et qui n'aurait, ce semble, qu'à se baisser pour choisir, parmi la haute société qu'il fréquente, une compagne digne de lui, qu'il en soit réduit aux *Petites-Affiches*. Pourquoi ne pas faire tambouriner ou annoncer à son de trompe que vous ne pouvez trouver à vous marier et que vous offrez une récompense honnête à qui vous apportera chaussure à votre pied ?

» Mais j'ai toujours cru qu'il n'y avait rien d'inexplicable ici-bas ; et je me dis que, si nous poussons plus loin notre connaissance, vous m'exposerez sans doute une série de faits et de principes desquels il résultera que votre manière de procéder a été toute simple, toute naturelle, et ne pouvait être autre.

» C'est ce que je pense de vous très-sincèrement. En revanche, je vous prie de ne pas vous hâter de mal penser de moi. Et moi, je me hâte de vous expliquer qui je suis, et comment je me suis vue réduite à vous écrire.

» Je ne veux dire aucun mal de mes parents ; et, quand je revendique pour moi le bénéfice des circonstances atténuantes, c'est bien le moins que je le leur accorde.

» Naguère tout entier à l'honneur, mon père a été jeté, par les tristes conséquences de la révolution, dans le maniement, puis dans l'amour, puis dans le culte de l'or. Ma mère, elle, n'aime pas l'or, ou du moins elle ne l'aimerait que pour les frivoles avantages qu'il procure. Et, femme d'un millionnaire, il lui faut endurer presque la misère... misère que mon père lui impose, et dont lui jouit autant qu'elle en souffre; car la pauvreté entame moins ses trésors que ne le ferait une existence plus douce.

» Ni mon père, ni ma mère ne m'aiment ni ne se soucient de moi. Ils ne me maltraitent pas effectivement, et je ne me plains pas d'être leur servante. Mais la vie sans air ni soleil qu'ils me font, sans cet air surtout et ce soleil moral, par où le cœur respire et s'épanouit, cette vie me tue, je le sens. Et j'avoue candidement que j'aimerais en sortir, en me mariant à un galant homme.

» Maintenant, M. Xiste Yves Zabulon, — je suppose que tel est le sens de vos initiales, — permettez-moi de vous poser, à mon tour, quelques questions, que je numérote pour plus d'ordre.

» 1° *Un jeune veuf.* Cela est vague. Avez-vous vingt-cinq ans ou quarante? Il me plairait davantage que vous en eussiez quarante, voire même quarante-cinq. J'ai moi-même vingt-cinq ans, de ce matin, 25 novembre. Je coiffe sainte Catherine le jour de sa fête. C'est même un enchaînement de pensées, commençant par cette idée de sainte Catherine, patronne des vieilles filles, qui m'a menée hier soir, votre journal aidant, jusqu'au *mariage sérieux*.

» 2° Ce jeune veuf est, dites-vous, *grand, propriétaire*. Je n'ai pas hésité de mettre cette virgule sur le compte du prote, et à supposer que vous avez voulu dire : *grand. propriétaire*. — Ce qui me convient mieux, car je suis bien petite.

» 3° *Demande une jeune veuve ou demoiselle*. Je suppose que vous voulez dire : *pour en faire sa femme*. A toute force, d'après votre rédaction, on pourrait croire que vous voulez en faire votre caissière, et que ces cent mille francs sont une sorte de cautionnement.

» 4° A propos de cette centaine de mille francs, j'ai un scrupule. Qu'a-t-il à faire d'un semblable apport, votre M. X. Y. Z., s'il est si grand propriétaire ?

» 5° Et ici viennent les questions capitales. Vous pouvez presque considérer les observations qui précèdent comme autant de plaisanteries. Mais beaucoup de détails me manquent, ce me semble, sur le compte de l'homme aux initiales, détails sans lesquels il est absolument impossible de faire un pas en avant.

» Je vous déclare que je n'épouserais, pour rien au monde, un idolâtre, ni même un juif, ou un protestant, encore moins peut-être un impie. Je n'épouserais pas un Russe, j'aime trop les Polonais ; ni un monsieur d'une humeur revêche ; ni le plus vertueux homme du monde, s'il était aveugle, sourd, nègre ou bossu.

» Renseignez-moi donc sur tous ces points : religion, nationalité, couleur, caractère, âge, physique, etc.

» Veuillez, monsieur X. Y. Y., recevoir tous les compliments de

» Votre servante,

» U. V. W.

» (Libre à vous de traduire : Uranie-Victoire-Wilhelmine.)

» *P. S.*— Réponse donc, s'il vous plaît, à Mlle U. V. W., chez M. Carpaillau, pharmacien, 17, rue de l'Hôtel-de-Ville. — (*Franco.*) »

CHAPITRE III

IMBROGLIO.

Le lendemain, 26 novembre 1842, il se passait une scène assez plaisante à l'hôtel des Postes, rue Jean-Jacques Rousseau.

A deux heures sonnant, deux messieurs se présentèrent au bureau de la poste restante.

Deux employés siégeaient derrière le grillage. L'un lisait un roman d'Alexandre Dumas. L'autre écrivait des charades sur le papier de l'administration. Tous deux parurent sensiblement contrariés du petit *toc toc* qu'en conformité d'un avis affiché sur le grillage, les deux survenants frappèrent discrètement, pour faire ouvrir le guichet.

— Monsieur, dit en s'adressant au lecteur, un homme jeune encore, bien découplé, d'un air très-avenant, et dont la mise à la fois élégante et simple décelait tout d'abord un *gentleman*, monsieur, n'avez-vous pas une lettre, poste restante, pour M. X. Y. Z.?

— Monsieur, disait en même temps à l'écrivain un petit vieillard à l'aspect mi-sournois et mi-obséquieux, monsieur, oserai-je vous demander si vous n'auriez pas une épître à l'adresse de M. X. Y. Z., poste restante? »

Les deux employés se rapprochèrent pour puiser dans un casier à plusieurs compartiments où se trouvaient les lettres *poste restante*, à adresses désignées par de simples initiales. L'employé de gauche prit le paquet des lettres de province, l'employé de droite le paquet des lettres de Paris.

Presque au même instant chacun s'arrêta en disant: « Voilà! »

Mais, avant de remettre les lettres demandées, et qui répondaient exactement au signalement indiqué, les deux employés se les montrèrent et dirent: «Comment faire? »

Le chef de bureau était à deux pas dans son cabinet. Il rédigeait sur papier-ministre une demande au directeur général des Postes, demande qu'il voulait être tout prêt à envoyer dès qu'une nouvelle, attendue d'heure en heure, lui serait apportée par un garçon de bureau qu'il avait mis de planton à cet effet, avec promesse d'une récompense honnête.

Cette nouvelle, vous l'avez deviné, lecteur sagace, n'était autre que la mort de certain chef de division, dont M. le chef de bureau convoitait naturellement la succession.

Il s'interrompit toutefois, écouta les explications de ses employés; et, se plaçant derrière le guichet, fit comparaître les deux personnages expectants.

— Voici la chose, messieurs, leur dit-il. J'ai ici deux lettres dont l'adresse est libellée exactement de la même manière : *M. X. Y. Z., poste restante à Paris.* Si l'un de vous deux fût venu le premier, il les eût reçues toutes deux. Vous arrivez ensemble. Chacun a droit à une. Mais à laquelle?... Voyons un peu. Est-ce de province ou de Paris que vous attendez une réponse?

Tous deux répliquèrent à la fois :

— Je ne sais.

— Connaissez-vous l'écriture de votre correspondant?

— Pas le moins du monde » fut la réponse unanime.

— Diable, fit entre ses dents le chef de bureau. S'ils avaient l'air moins pacifique, je les prendrais tous deux pour des conspirateurs, et je retiendrais les lettres pour en faire part à monsieur le procureur du roi... Voyons, encore un effort, dit-il plus haut. Savez-vous si ce correspondant inconnu doit être un homme ou une femme?

— Une femme, très-probablement, dit l'homme jeune.

— Un homme, ou je me trompe fort, dit le vieillard.

— Eh bien! à défaut de certitudes, dit le chef de bureau, qui avait hâte de retourner à sa pétition, à défaut de certitudes, contentons-nous donc des probabilités. Tenez, mon vieux père, voici l'épître à adresse masculine; et vous, jeune homme, le poulet à suscription féminine.

Pourtant, si j'ai un conseil à vous donner, c'est de ne pas vous perdre de vue que vous n'ayez jeté un coup d'œil sur ces deux lettres. Même en fait du plus élémentaire des arts graphiques, les apparences sont souvent trompeuses. J'ai connu des généraux dont l'écriture était mignonne comme celle d'une jeune fille; et ma nièce, qui n'a pas dix-huit ans, vendrait ses moindres billets comme autant d'autographes de Louis XIV. »

Puis, en rentrant dans son sanctuaire, le Salomon en lunettes dit à ses subordonnés :

— Il faudra faire imprimer et placarder un avis contre l'abus de ces X. Y. Z. »

Nantis chacun d'une lettre, le vieillard et l'homme jeune allèrent, sans s'être concertés, s'asseoir, à côté l'un de l'autre, sur un banc dans la cour de l'hôtel.

Quoiqu'on fût à la fin de novembre, le temps était doux; et le banc, en plein midi, offrait un siége très-acceptable.

Ni le *senior* ni le *junior* n'osaient ouvrir la lettre.

Celui-ci ouvrit la bouche.

— Ce serait pourtant grand dommage, se dit-il, comme se parlant à lui-même, mais assez haut pour être entendu de son compagnon, ce serait grand dommage si toutes les précautions de ce bureaucrate ne devaient aboutir qu'à un *quiproquo*. Les communications qui ont provoqué la réponse que j'attends, — et que je tiens, à moins que *vous* ne la teniez, — ces communications étaient d'une nature si délicate!

— Et les miennes donc! dit le vieillard, en palpant sa lettre.

— Il me vient une idée, s'écria tout à coup l'homme jeune... Voyez-vous ce prêtre qui passe, plongé dans son courrier? Arrêtons-le et le faisons asseoir entre nous. Vous lui coulerez dans l'oreille droite l'objet de votre correspondance, et moi la matière de la mienne dans l'oreille gauche. Nous lui donnerons à décacheter ces deux plis qui nous brûlent les doigts. Au premier mot de chacun il reconnaîtra le propriétaire, et nous fera sa distribution. »

Le prêtre qui avait suggéré à *Primus* cette idée hardie,— à laquelle *Secundus* assentit aussitôt, comme à un moindre mal, — ce prêtre était jeune. Il portait sur ses traits la trace des fatigues apostoliques, non-seulement des fatigues du corps, qui ne sont rien, mais de ces soucis et de ces angoisses du cœur, pain quotidien de tout prêtre vraiment prêtre... On n'est pas impunément médecin de tant d'âmes malades, confident de tant de douleurs, spectateur, hélas! impuissant si souvent, de tant de hontes, de ruines et de désespoirs!

Il était facile de voir à son front plissé, à deux larmes qui coulaient silencieusement le long de ses joues amaigries, que les lettres qu'il tenait à la main venaient de verser une goutte d'amertume de plus dans ce calice déjà si plein.

D'un air sérieux et doux, il écouta la proposition du plus jeune des X. Y. Z.

Il rompit les cachets, ne manifesta pas le moindre étonnement, bien que chacune de ces lettres fût assez étrange, puis croisa les mains pour rendre à chacun de ses deux assesseurs sa propriété. Justement le chef de bureau s'était trompé : *Primus* avait eu la lettre de *Secundus, et vice versâ.*

Le vieillard s'éloigna, en saluant et remerciant.

— Monsieur l'abbé, dit l'autre, le peu que vous avez vu de ma lettre vous montre combien l'affaire qui m'occupe est grave. Les conseils d'un homme tel que vous peuvent m'être utiles. Veuillez me donner votre adresse. »

Ces messieurs échangèrent leurs cartes.

Primus n'était autre que le signataire de l'*advertisement* relaté au commencement de cette histoire, et la lettre qu'il emportait était celle de Caroline.

- -

P. S. — Bien que cela ne nous intéresse qu'incidemment, disons ce qu'était l'autre lettre. Faisons mieux, et citons d'abord celle à laquelle elle répondait.

« Monsieur,

» Je suis un ancien inspecteur des contributions indirectes. J'ai toute ma vie désiré obtenir la croix de la Légion d'honneur. Malgré mes démarches actives et celles de nombreux amis, je n'ai pu réussir. L'envie de mes collègues et la rancune des marchands de liquides que, trente ans, j'ai surveillés de près, ont été, je n'en doute pas, la cause de mon insuccès.

» J'apprends par une personne bien informée que vous vous occupez de réparer de semblables injustices, et de fournir, moyennant finances, à vos clients, des décorations étrangères.

» Sans parler de la juste rémunération que je suis en mesure de vous offrir, et qui s'élèverait jusqu'à cinq cents écus, — même, si l'ordre était important, jusqu'à mille, — voici mes titres :

» 1° Membre, pendant six lustres entiers, de l'utile et honorable administration des droits réunis, ou contributions indirectes.

» 2° Vice-président, depuis quinze ans, de la Société des Belles-Lettres, Sciences et Arts de la ville de Castres (Tarn), ma dernière résidence.

» 3° Auteur d'un volume de poésies, intitulé : *Brises d'Orient;* ce qui pourrait me donner quelques droits au *Medjidié* ou au *Soleil* de Perse.

» 4° Grand amateur d'entomologie, avantageusement connu sous ce rapport dans le département, ayant jadis collectionné *les plus beaux lépidoptères des Deux-Siciles*, alors que, sous l'Empire, j'étais commis à cheval, à la résidence de Salerne. Serait-il impossible de faire valoir ces lépidoptères auprès des chancelleries napolitaines, pour l'obtention de quelque ruban italien?

» 5° Lecteur assidu des livres d'histoire, spécialement de ceux consacrés à l'Allemagne. Longtemps employé à Hagueneau, j'ai étudié à fond *le rôle du grand duché de Bade dans les affaires de la Confédération germanique*, et j'ai lu, aux applaudissements d'un auditoire mi-partie allemand et mi-partie français, plusieurs dissertations sur ce sujet important, à l'Athénée d'Hagueneau. Ceci pourrait être allégué à l'appui d'une demande du Lion de Zæringhen.

» Bref, j'abandonne la chose à votre zèle.

» Veuillez, en cas de succès, compter sur mes trois mille francs — je vais décidément jusque-là — et mon éternelle reconnaissance.

» Votre dévoué serviteur,

» Pirithoüs GOBICHON.

» A M. Vidocq, agent d'affaires, 17, rue Chabanais, à Paris.

» *P.-S.* — Réponse, s'il vous plaît, à M. X. Y. Z., poste restante, à Paris. »

Rappelons à ceux de nos lecteurs qui pourraient l'avoir oublié, que le destinataire de cette première lettre n'était autre que le grand Vidocq, jadis voleur insigne, puis voleur honoraire et chef de la police de sûreté, puis, par un retour indirect à son premier métier, agent d'affaires du plus bas étage.

Une de ses spécialités était de procurer à prix d'argent des décorations... étrangères et plus ou moins authentiques.

C'est de lui qu'est cette réponse fameuse, à propos d'une prétendue décoration par lui fournie à un vieux gobe-mouches, proche parent de notre Pirithoüs Gobichon.

— Prévenu Vidocq, quel est donc cet Ordre de la Sultane Validé?

— Monsieur le président, cet ordre n'existe pas; mais le ruban en est charmant.

Ceci dit, on comprendra mieux le billet suivant, qu'en réponse à la lettre de Pirithoüs, Vidocq avait adressé à M. X. Y. Z., poste restante, à Paris.

« Monsieur l'Inspecteur en retraite,

» Je me ferai un plaisir de réparer, autant qu'il est en moi, l'injustice dont vous avez été victime.

» Vos titres ne sont peut-être pas bien pertinents.... Sans compter de nombreuses démarches, j'aurai donc plus d'une patte à graisser dans les antichambres de la Sublime-Porte, et plus d'un pot de vin à cracher... Je pense pour vous à un Ordre nouveau, mais qui n'en est que plus recherché. Il a été fondé par la mère du Grand Seigneur, la sultane Validé, et compte parmi ses membres, plusieurs fameux ornithologues et deux ou trois de nos plus grands philosophes. Vous y représenterez dignement la Poésie, l'Histoire, les Droits réunis et le Culte des papillons.

» Veuillez faire parvenir à mon cabinet, rue Chabanais, 17, cinq cents francs qui me sont *absolument* nécessaires pour commencer les premières démarches.

» J'ai bien l'honneur d'être,

» Monsieur l'inspecteur en retraite,

» Votre très-humble et très-obéissant serviteur,

» L. VIDOCQ. »

Au bas était écrit :

« A Monsieur Pirithoüs Gobichon, inspecteur honoraire des contributions indirectes, membre de la Société des Belles-Lettres, Sciences et Arts de Castres (Tarn), auteur des *Brises d'Orient*, amateur distingué d'histoire et d'entomologie. »

CHAPITRE IV

XAVIER OUVRE SON CŒUR.

Rentré chez lui, Xavier écrivit à mademoiselle U. V. W. la lettre suivante :

« Mademoiselle,

» Vous avez raison ; j'ai oublié bien des traits de ma physionomie.

» J'ai surtout oublié, — peut-être à dessein ; on n'aime guère à se confesser dans un journal, — j'ai surtout oublié ce qui est le fond de ma vie, sinon de mon caractère : je suis malheureux, oh ! oui, bien malheureux... Comme vous prisonnier, je sens, comme vous, qu'il me manque cet air respirable sans lequel la vie ne peut durer.

» Ou plutôt j'étais et je souffrais tout cela. Car je

crois vraiment que votre lettre entr'ouvre la porte de ma prison, et que mon âme commence à respirer...

» Il y a, mademoiselle, bien des sortes de malheureux. — Je suis riche, je me porte bien, j'ai une très-belle position sociale, je suis chrétien... et je suis malheureux... Ce n'est pas tout : j'ai eu une femme aimable et douce, je l'aimais tendrement, elle me le rendait avec usure... et j'étais malheureux.

» D'où vient cela? Est-ce une tristesse imaginaire, une hypocondrie, le *spleen* des Anglais, ou un mal à la *René?* — Non; et ce qui devrait, ce semble, être mon salut, c'est que je sais parfaitement pourquoi je suis malheureux. Je ne doute pas qu'en faisant quelques efforts, je ne réussisse à secouer loin de moi la cause de tous mes chagrins, et à boire, comme un autre, à cette coupe mêlée de joie et de douleur où je vois chacun s'abreuver ici-bas.

» Cette cause de tristesse, ce chagrin qui me tue, c'est que, — bien que j'aie 40 ans et plus, bien que je sois employé supérieur dans une administration importante, maire de ma commune, chevalier de la Légion d'honneur, renommé, en tout ce qui touche mon service public, pour la fermeté avec laquelle je tiens les rênes qui me sont confiées, — c'est que, à peine rentré chez moi, je suis comme un petit garçon aux mains de ma mère.

» Cet esclavage me pèse, et je n'ose rien faire pour le rompre!

» Ma première femme, d'une douceur angélique,

mais à qui manquait une seule qualité : le caractère, tremblait comme la feuille devant ma mère. Ma faiblesse était doublée de la sienne. J'étais plus faible et plus malheureux, parce que nous étions deux à souffrir de ce servage, et que tous les jours je me reprochais ma lâcheté. Il ne s'agissait pas, — Dieu m'en garde ! — de rien faire contre le respect dû à ma mère, mais de lui montrer que je n'étais plus un enfant, ni ma femme une petite fille. Cela était d'autant plus urgent que ma pauvre Aglaé souffrait le martyre... Hélas ! elle a fini par mourir à la peine. Elle eût tant aimé me voir heureux ! Elle était si triste de me voir toujours sombre ! si étonnée que moi, l'homme, je n'osasse tenter du moins de ressaisir ma part virile de liberté !

» Il y a cinq ans que je suis veuf. Je n'ai pas d'enfants. Je vis seul... c'est-à-dire seul comme un écolier qui passerait sa vie face à face avec le plus rigide des précepteurs. Je sens qu'il me faut absolument un cœur pour y appuyer le mien. Faute de cela, le chagrin se saisira de moi si violemment, que la folie est encore le moindre des maux qui me menacent. J'ai toujours peur de glisser dans l'abîme du murmure et du désespoir.

» Où chercher une femme ? Je ne vais nulle part sans ma mère ; elle surveille, elle épie mes moindres démarches. Elle ne se fait aucun scrupule d'ouvrir mes lettres, et je n'ai jamais osé lui dire que cela ne devait pas être.

» J'ai donc eu l'idée de prendre la voie des journaux. En Amérique, cela se fait tous les jours. Puis ma mère ne lit jamais « les gazettes, » comme elle dit. D'ailleurs, ce n° du 21 novembre lui fût-il tombé sous les yeux, jamais l'idée ne lui serait venue que j'aie pu m'émanciper jusqu'à une telle audace.

» Je me suis dit aussi que, pour oser répondre à une invitation aussi étrange, il faudrait à une fille d'Ève du caractère, même une certaine hardiesse. Or c'est la chose qui me manque le plus, la chose indispensable cependant pour la partie que je médite de jouer, et où ma femme devra être plus que mon auxiliaire.

» Ne faudrait-il pas aussi qu'elle eût, *at home*, bien peu d'éléments de bonheur pour ne pas reculer devant cette démarche insolite ? Il y aurait donc entre elle et moi une communauté de souffrances qui la rendrait plus sympathique à mes peines, plus disposée à acheter son bonheur en m'aidant à conquérir le mien, dût-elle, pour ce faire, traverser les plus rudes épreuves.

» Quant à la condition des 100,000 francs, je l'ai ajoutée seulement pour écarter la foule des jeunes demoiselles ruinées et des institutrices lasses de leur métier. Que si une fille sans le sou se hasardait de me répondre, c'était une nouvelle garantie de caractère... J'aurais toujours le loisir de juger d'après sa lettre quels sentiments l'animaient et j'agirais en conséquence.

» Voilà ma confession à peu près terminée. Je joins, en marge, un croquis très-ressemblant de mon humble personne, comme réponse sommaire à toutes les questions « extérieures. »

» Maintenant, voulez-vous m'aider à être heureux?

» Je vous répète que je ne médite contre ma mère, pas plus que vous contre vos parents, — rien qui déroge le moins du monde au respect et à la tendresse très-vive que je lui porte. Je veux seulement revendiquer cette part d'indépendance sans laquelle je sens que j'étouffe. Je vous répète aussi que je ne vous demande pas d'associer votre sort à une « poule mouillée. » Si je le suis, c'est seulement sur un point, et j'ai résolu de ne l'être plus. Aidez-moi à devenir chez moi ce que je suis hors de chez moi.

» Ai-je besoin de vous dire quels trésors de tendresse et de dévouement vous trouveriez chez l'humble signataire de ces lignes? Votre lettre était d'une femme de beaucoup de cœur et d'esprit. J'espère que vous découvrirez dans la mienne un accent de sincérité qui vous touchera. J'espère que vous comprendrez que, moi aussi, je désire en me mariant faire une chose sérieuse; que je ne cherche dans le mariage la liberté, le bonheur même, qu'après le devoir, et qu'on dirait vraiment que le bon Dieu nous ait menés comme par la main jusqu'à ces deux démarches si contraires, semble-t-il, à la timidité de ma nature et à la réserve de votre sexe.

» Pourtant, comme jamais sur de semblables matières, on ne s'entendra suffisamment par correspondance, et qu'avant de solliciter le consentement de nos parents, il nous faut de toute nécessité, avoir ensemble une conférence un peu approfondie, je vous propose pour après-demain un rendez-vous d'affaires.

» N'y mettez pas de pruderie, je vous prie. Je ne puis ni aller chez vous, ni vous recevoir chez moi. A Paris, même au Luxembourg, même au bois de Boulogne, nous risquons que quelque promeneur solitaire, qui nous apercevra sans que nous le voyions, n'ébruite, en lui donnant une fausse interprétation, cette première et nécessaire démarche.

» Il nous faut aller un peu plus loin.

» Prenez donc, après-demain à onze heures, la voiture de Sceaux, impasse Conti. Vous serez à Sceaux un peu après midi. Arrivée sur la place de la petite sous-préfecture, devant la vieille église, et tout près de ce cimetière fleuri que domine un buste de Florian, demandez le chemin de Châtenay. Vous longerez d'abord l'ancien parc de la duchesse du Maine, puis, à travers champs et à travers vignes, vous gagnerez le Petit-Châtenay. Une allée de tilleuls vous conduira jusqu'au pavé de Versailles. Vous le couperez et entrerez dans une belle route carrossable, indiquée par un poteau : *Route allant à Verrières.* Vous la suivrez un quart d'heure environ.

» A l'endroit où le chemin monte tout à coup pour s'abaisser brusquement, vous verrez, sur votre gauche, un buisson de plantes épineuses, d'un vert foncé qui tire sur le noir; elles semblent tout au plus bonnes à brûler. Mais regardez de plus près. Au bout de ces branches, à moitié flétries, des grappes en boutons annoncent une floraison prochaine. Et, au beau milieu du buisson, un sujet plus précoce, — le marronnier du 20 mars de ce lieu sauvage, — est tout en fleurs. On dirait une gerbe de genêts, comme à la fin d'avril, alors que les bois ressemblent à des champs d'or.

» C'est de la lande, la lande chère aux Bretons et aux poëtes, cette fleur d'or que Brizeux a chantée, et que je ne puis voir fleurir ainsi, presque aux portes de la grande cité, sans qu'une bouffée de poésie me traverse l'âme.

» Là je vous attendrai; et, si par hasard j'étais en retard, relisez ces vers charmants que je vous envoie, comme premier bouquet.

La Fleur d'or.

. . . .

LA JEUNE FILLE.

Mon ami, je vous le demande,
En quel temps m'aime votre cœur :
Quand la fleur d'or est sur la lande ?
Ou quand le genêt prend sa fleur ?

LE JEUNE HOMME.

Lande et genêt, sur tous deux brille
Une fleur d'or qui sait charmer ;
Mais sur la lande, ô jeune fille !
S'ouvre la fleur qui fait aimer.

LA JEUNE FILLE.

Pourquoi, pourquoi la lande a-t-elle,
Mon ami, la fleur des amours ?

LE JEUNE HOMME.

C'est que la lande, ô jeune belle !
Hiver, été, fleurit toujours.

Fleur d'amour, de bonheur, et vous, fleur idéale,
Sagesse, que si loin on va souvent chercher,
Fleurs d'or, pour vous cueillir, vers ma terre natale
N'aurais-je donc qu'à me pencher ?

» Près de ce buisson fleuri, nous ne rencontrerons personne, et nous pourrons, devisant tout à notre aise, nous voir, nous juger, et, si définitivement nous nous agréons, organiser notre plan de campagne.

» Votre respectueusement — et bientôt, j'espère, tendrement — dévoué serviteur et ami,

» Xavier Fourneyron,
» à l'administration de la *Vigilante*,
» 2, place de la Bourse. »

« *P. S.* — Écrire, en marge de la réponse : *Personnelle.* »

CHAPITRE V.

UNE ENTREVUE AU BOIS DE VERRIÈRES.

Le lendemain, Xavier reçut un billet de Caroline. Le voici :

« Monsieur,

» Vous avez quarante ans, et moi vingt-cinq. Nous ne sommes des enfants ni l'un ni l'autre. Nous craignons Dieu tous deux. C'est devant Lui que nous avons nourri, puis exécuté, — en une forme un peu insolite; mais nous n'avions pas le choix des moyens, — un projet qui de deux êtres extrêmement malheureux va peut-être faire le couple le plus fortuné du monde. Je ne sais pas pourquoi je n'accepterais pas l'entrevue que vous me proposez.

» Je pense, comme vous, que nous avons à traiter une foule de questions délicates pour lesquelles une conférence est absolument indispensable. Il y a plus de cinq ans que je sors seule. J'ai justement une amie à Sceaux, et je connais de longue date cette route charmante que vous m'indiquez si bien. Seulement, je ne l'ai jamais parcourue en novembre, et je n'y ai pas vu fleurir, parmi les frimas, la fleur des amours. Je vais prétexter une visite à Emma. A l'heure dite, vous me trouverez au buisson d'or.

» CAROLINE. »

A une heure précise, Xavier et Caroline arrivaient ensemble au lieu du rendez-vous.

Ils ne se dirent rien d'abord, se prirent la main comme de vieux amis. Puis Xavier offrit son bras à Caroline qui l'accepta en tremblant un peu, et ils marchèrent vers le tranquille village.

Ils s'arrêtèrent un peu en deçà des premières maisons, et, s'engageant entre des champs de fraises où l'on voyait encore quelques larges fleurs blanches, et des champs de violettes d'où la petite plante, à moitié cachée sous les feuilles, remplissait l'air de doux parfums, ils montèrent dans le bois.

Il y avait un quart d'heure à peine qu'ils marchaient, sans échanger d'autres paroles que quelques exclamations sur la douceur de la température, sur la beauté du paysage...

La première, Caroline rompit cette espèce de silence.

— Si nous n'étions que des poëtes, dit-elle, nous pourrions nous taire ou ne parler que par monosyllabes. Mais nous sommes ici pour affaires, et il les faut aborder.

Dites-moi, pour commencer, que vous ne considérez pas qu'en venant ici j'aie manqué aux convenances, ni blessé cette réserve qui, même à vingt-cinq ans, sied si bien à une femme.

— Comment oserais-je, même dans le fond de ma pensée, vous accuser un instant? répondit Xavier d'une voix émue. N'est-ce pas moi qui ai provoqué votre démarche? Les termes dans lesquels vous m'avez répondu, les circonstances exceptionnelles au milieu desquelles nous nous trouvons placés, nous excusent tous deux, et vous la première.

Si j'ai bien compris notre position réciproque, elle est celle-ci. Nous souffrons tous deux d'un mal analogue : l'isolement du cœur. Et il semble pourtant que nous n'en devrions pas souffrir. Mais l'indifférence et l'espèce d'abandon moral où vous laissent vos parents, au contraire l'excessive ingérence et la minutieuse tyrannie de ma mère, sont pires pour nous qu'une solitude absolue. Nous voudrions unir nos destinées, non pour porter la plus légère atteinte à des droits sacrés, mais pour empêcher que la désertion de certains devoirs ou l'exercice outré de certains droits ne nous réduise au désespoir... Ensemble, nous aurions pour bouclier notre bonheur... J'aurais, moi, votre caractère.

— C'est cela, dit Caroline, et la question préalable est de savoir si nous entendons la vie de la même manière, si nous sommes bien, l'un pour l'autre, le consolateur et l'appui dont nous avons besoin. Car mieux encore traîner, résignés, notre fardeau, que de nous associer à qui voudrait ou le secouer brutalement ou lui chercher, dans les bas-fonds de la vie, d'odieuses compensations.

— Oui, c'est bien cela. Commencez-donc par m'interroger.

— Je ne pense pas qu'il faille ainsi nous examiner en forme. Causons plutôt en toute liberté et en toute confiance... Les choses du cœur et de l'âme surnageront bien vite. Quand, dans une heure à peine, nous aurons parcouru ce quart de cercle de l'allée tournante et que nous redescendrons le chemin creux de Châtenay, nous nous connaîtrons, et la question préalable sera vidée. »

Ainsi fut fait.

Après un premier instant d'embarras et même de recherche du terrain sur lequel l'entretien devait se poser, tout naturellement il tourna du côté des choses élevées.

Que de ravissants spectacles autour des deux promeneurs ! A lui seul, le soleil, ce doux soleil d'automne, radieux et chaud comme à la fin d'avril, n'était-il pas un charme à transporter les âmes les plus calmes? Si loin que l'œil pouvait atteindre, les petits brins de blé brillaient comme des tapis d'émeraude, et faisaient songer à ce qu'ils seraient en août prochain, de blonds épis balancés par le vent.

Puis, c'étaient les coteaux qui s'étageaient et s'entrecroisaient, les hautes futaies où se jouent les rayons et les ombres, tout à coup la sombre obscurité des bois, et tout à coup encore quelque percée d'où l'œil ravi se promenait sur un horizon lumineux.

En admirant tout cela, comment deux âmes semblables à celles de Caroline et de Xavier ne fussent-elles pas monté, presque sans s'en douter, « vers les collines éternelles? »

De Dieu et de ses œuvres, la transition est toute naturelle vers la plus belle des œuvres de Dieu, celle devant laquelle pâlissent même les plus radieuses merveilles de ce monde visible : la Rédemption, et cette grande institution qui la continue parmi nous, l'Église.

Caroline et Xavier se laissèrent aller à cette pente. Quelques petits clochers qu'ils apercevaient dans la brume rappelèrent à notre ami les joies de sa première communion et son heureuse enfance écoulée à l'ombre d'un semblable clocher... Hélas! de quelle triste jeunesse, de quel sombre âge mûr cette aurore avait été suivie!...

Quand on fait ainsi la revue de son âme et de ses affections, comment deux cœurs chrétiens oublieraient-ils les pauvres?... Soulager les pauvres était la grande consolation, — la seule — de Xavier. C'était la grande ambition de Caroline.

Et les arts ! Tous deux aimaient la musique et s'arrêtèrent pensifs pour écouter le bruit lointain des cloches ou le souffle harmonieux du vent à travers les sapins. Tous deux eussent voulu rencontrer, dans quelque allée du bois, un Claude Lorrain ou un Decamps, et le voir fixer sur la toile toutes ces beautés que le soleil, qui déjà déclinait, aurait tout à l'heure emportées avec lui. Tous deux surtout aimaient la poésie, ce premier des arts. Caroline récita les beaux vers de Brizeux, et cette douce mélodie, chantée par cette douce voix, fut pour le pauvre Xavier une émotion trop vive. La feuille de rose fit déborder le vase... Xavier se mit à pleurer.

— Je n'ai jamais pu, dit-il, entendre, l'œil sec, de beaux vers bien récités. Et vous les dites admirablement... Mais je ne pleure pas seulement en artiste. La source de mes larmes est plus profonde... Oui, vous êtes bien celle qu'il me faut. Aurai-je jamais le courage de vous demander, et, si j'ai ce courage, aurai-je la force de vous obtenir ?

La conversation revenait sur un terrain plus pratique. Évidemment la question préalable était vidée.

Nos deux héros venaient d'éprouver une des plus grandes joies qui soient ici-bas.

Je ne sais, chers lecteurs, s'il vous est jamais arrivé de rencontrer un homme dont les traits tout d'abord gagnaient votre cœur. Il vous semblait que vous seriez heureux d'en faire votre ami. Vous épiiez une occasion d'entrer en relations avec lui.

Hélas! plus d'une fois quelle déception! Sous ces traits angéliques, derrière ce front pur, en dépit de ce geste éloquent ou de ce fin sourire, vous découvriez la vulgarité en personne, ou, ce qui est pis, la bassesse des sentiments, l'amour de l'or, la haine des supériorités sociales, la passion des plus honteux amusements... Cet archange aimait les truffes; cette femme au front de madone ne rêvait que rubans et fanfreluches; celui que vous aviez pris pour un grand orateur ou un poëte ne se plaisait qu'au café et ne brillait que parmi les loustics de corps de garde.

Mais, d'autres fois, à peine aviez-vous passé un quart d'heure avec cet ami si longtemps convoité, et vous avez senti que vous ne vous étiez pas trompé. Non-seulement sur les grandes questions, ces grandes questions nécessaires et qu'il faut absolument entendre de même pour que l'amitié soit possible, pas une divergence ne se manifeste. Mais vous voyez éclater entre vous des traits de conformité et de sympathie où se révèlent les âmes sœurs. Il y a quelques instants seulement que vous vous connaissez, et vous êtes allés du coup au fond l'un de l'autre. Vous voici liés cœur à cœur, et pour jamais.

Le moment où se fait la découverte de cette conformité est un des plus délicieux de l'existence.

Que doit-ce être donc, quand cette découverte se fait par deux âmes qui ont médité de se donner l'une à l'autre, dans le premier, le plus doux, le plus noble, le plus sacré de tous les liens humains, dans cette affection qui prime toutes les autres? Dieu lui-même ne l'a-t-il pas choisie pour image de la tendresse qu'il porte à nos âmes et qu'il porte à l'Église? Jésus est l'époux de nos âmes. L'Église est l'épouse immaculée de Jésus.

Telle fut, à mesure que se prolongeait cette promenade, la joie de Caroline et de Xavier.

Après avoir parcouru les hauteurs, ils redescendirent dans les vallons. Les principes les menèrent aux conséquences, ces conséquences que l'on traite souvent d'arbitraires. Mais c'est là que se montre l'indigence logique de notre époque.

Sans doute l'adhésion à toutes les conséquences qui découlent d'un principe certain n'est pas de foi, et n'est point absolument nécessaire au salut individuel des âmes. Elle est nécessaire au salut des nations. C'est pour les avoir négligées que tant de sociétés périssent. Car c'est de ces conséquences que vivent les sociétés.

Donc, d'accord sur les principes, Xavier et Caroline l'étaient aussi sur les conséquences, parce que c'étaient des esprits élevés et droits.

Je suis presque embarrassé pour vous en donner des exemples, tant ils pourraient être nombreux... Nos deux amis aimaient la Bretagne ; ils abhorraient la révolution ; ils étaient l'un et l'autre à une égale distance de cette admiration fétichiste et de cette haine sauvage entre lesquelles flotte, parmi nous, l'appréciation du règne de Louis XIV et de l'ancien régime en général. Ils ne pouvaient lire sans dégoût le *Siècle*, ni les *Débats* sans indignation. Et si, plus vieux de vingt ans, ils eussent entendu des hommes qui passent pour intelligents et qui sont honnêtes s'extasier sur l'époque où nous vivons, y voir l'idéal des sociétés, le plein épanouissement de la civilisation, entamer presque le *Jam rerum novus nascitur ordo*, à cause de la télégraphie électrique, des embellissements de Paris et de la belle tenue de la garde impériale, assurément Caroline et Xavier n'eussent pas manqué de lever les épaules.

Tout en devisant, ils revinrent à Sceaux, où Caroline devait voir son amie.

— Il me semble, dit Xavier en prenant la main de Caroline, que nous en avons fini avec les préliminaires, et ce, à notre satisfaction mutuelle. N'êtes-vous pas de mon avis ?

— Parfaitement.

— Que faire maintenant ?

— Obtenir le consentement de nos parents. Le premier de nous deux qui atteindra cet heureux résultat écrira, poste restante, à l'autre.

— Volontiers, mais plus d'initiales. Je vous écrirai à Mlle Caroline de Penhoat, et vous à M. Xavier Fourneyron.

— C'est convenu. Adieu.

— Adieu.

CHAPITRE VI

NÉGOCIATIONS.

Comme bien vous pensez, Caroline, la première, fut en possession de ce précieux consentement.

M. de Penhoat était un avare et un égoïste. En cette dernière qualité, il n'attachait aucune importance aux mérites que pouvait avoir ou n'avoir point celui dont sa fille lui parlait. En qualité d'avare, une seule considération le touchait.

—Tu me demandes mon consentement, dit-il à Caroline, quand celle-ci pour la première fois lui fit quelque ouverture. Mais que me demandes-tu avec?.... Mademoiselle pense apparemment qu'une héritière des Penhoat ne saurait se marier sans dot. Pourtant, je t'avertis que je n'ai pas le sou. Il y a eu, le mois dernier, sur les Espagnols et les Portugais, une dégringolade qui me ruine littéralement.

— Mon père, je ne vous demande rien absolument que votre consentement.

— Vraiment..... Eh bien, je te l'accorde de grand cœur. Je te promets même, par-dessus le marché, un billet de cinq cents francs pour t'aider à monter ton ménage. »

Caroline ne ressentit qu'une joie bien troublée, en recevant ce consentement qu'elle avait tant désiré... Elle eût voulu, comme toute fille respectueuse cherche à le faire, se cacher à elle-même les vices de son père. Ils éclataient, hélas ! de manière à ne pouvoir être dissimulés. Elle se réfugia dans les circonstances atténuantes, et maudit une fois de plus la révolution de Juillet, qui, brisant l'épée dans les mains du chevalier, l'avait fait passer honteusement de Mars à Mercure.

La victoire fut plus facile encore auprès de Mme de Penhoat.

L'idée qu'elle dût être consultée quand M. de Penhoat avait prononcé eut de la peine à entrer dans son cerveau... D'ailleurs, sa fille allait épouser un homme riche. Caroline n'aurait pas le cœur aussi dur que son père, et elle laisserait bien tomber dans le tablier de Mme de Penhoat quelques miettes de son opulence.

Sous le coup de cette double et triste victoire, Caroline écrivit une lettre à Xavier, mais si abattue et si navrée que Xavier, en la lisant, sentit comme un frisson lui parcourir les os.

» Mon ami, disait-elle, j'ai le consentement de mes parents. Je m'attendais à ce qu'un pareil résultat me causât une grande joie, et j'en ressens une invincible tristesse. Il m'était presque moins pénible de souffrir de l'espèce de domesticité dans laquelle mon père et ma mère me tenaient, que de les voir si indifférents à ce qui doit être mon bonheur, si touchés seulement du rejaillissement qui peut en résulter pour eux.

» Ah ! mon ami, un tel état de l'âme de ces pauvres parents est pire que la misère, pire mille fois que la maladie. N'y a-t-il pas là une cure à entreprendre, et n'est-ce pas à moi que ce soin est dévolu ? Je ne fais rien sans doute, et ma présence leur semble inutile. Mais je suis là, épiant une occasion, le cœur aux aguets... Qui sait si, moi partie, cette occasion ne se présentera pas ? Qui sait si, alors, n'éclatera pas cette sensibilité longtemps endormie ? Et je ne serai plus là ! Et quand l'étincelle jaillira des entrailles de la pierre, la feuille sèche, — c'était moi, — la feuille sèche aura disparu qui devait, recevant cette étincelle, donner soudain une lumière et une chaleur où se fussent peut-être éclairées ces ténèbres, où se fût fondue la glace de ces âmes !

» Que faire, mon ami ?

» Dites-moi où vous en êtes avec votre mère.

» Caroline DE PENHOAT. »

Xavier avait eu de grandes difficultés de son côté. Rompre carrément la glace, et à brûle-pourpoint demander le consentement de Mme Fourneyron, c'était peut-être le meilleur procédé. Mais il sentit qu'il n'en aurait jamais le courage.

Quand on ne veut pas être brave, il faut savoir être adroit.

Bien qu'il fût en général peu diplomate, Xavier, ce jour-là, eut l'adresse voulue, ou plutôt il lui suffit de s'abandonner sans résistance à son profond chagrin... Ce chagrin de son isolement moral, ce mal qui le rongeait depuis vingt ans, était rendu mille fois plus aigu par ces charmantes échappées sur un bonheur possible que la pensée de Caroline ouvrait soudain en lui... possible, mais combien difficile! Si décidément Xavier rencontrait trop d'obstacles dans l'obtention du consentement maternel, Caroline ne verrait-elle pas là le doigt de Dieu; et, rendant à ses parents un assentiment dont la forme l'avait tant navrée, ne rentrerait-elle pas pour jamais dans sa mansarde de la rue Saint-André-des-Arcs?

Mme Fourneyron, qui, au fond, aimait son fils, ne put le voir souffrir avec ce redoublement d'intensité sans lui demander la cause de ses souffrances.

Il prit alors son courage à deux mains et répondit :

— J'ai envie de me remarier.

— Mais qui t'en empêche?

— Je ne connais pas de jeune fille d'une fortune équivalente à la mienne.

— Eh! qu'as-tu besoin de fortune? dit la mère. N'en

as-tu pas assez pour deux... même pour quatre ou cinq ? »

En répondant ainsi à cette objection qui, de la part de Xavier, était peut-être un piége, Mme Fourneyron suivait d'abord la pente, si douce à plusieurs, de l'esprit de contradiction. Puis, elle se disait qu'elle dominerait plus facilement une fille pauvre qu'une riche héritière. Les écus donnent d'ordinaire un certain aplomb.

— Eh bien, ma mère, je chercherai sans me préoccuper de la question financière. »

Deux jours après, Xavier avait trouvé. Il venait conter à sa mère je ne sais quelle histoire où, en ne disant habilement qu'une partie de la vérité, il laissait croire à Mme Fourneyron, sans toutefois mentir, que la découverte de Caroline était toute récente.

Mme Fourneyron détestait les trop jeunes filles : 25 ans lui plut. Elle avait un faible — faible de bourgeoise — pour a noblesse : ce nom de Penhoat sonna on ne peut mieux à ses oreilles.

— Il n'y a plus qu'à la voir, dit-elle.

L'entrevue eut lieu chez Emma, qui avait un pied-à-terre à Paris.

. . . .

Si nous avons réussi à peindre notre héroïne sous ses véritables couleurs, vous aurez compris, chères lectrices, qu'il en était de Caroline comme de vous sans doute : elle était toute pétrie de naturel et de simplicité. Ses qualités étaient des qualités de femme, et non des qualités d'homme, même sa fermeté sur laquelle Xavier faisait tant de fond.

En ce moment, il la redoutait presque : il craignait que, rien qu'à voir Caroline, Mme Fourneyron ne devinât cette puissance de caractère qui devait la dompter. Xavier se trompait et ne comprenait pas encore ce que c'est qu'une femme forte. Sa force est revêtue de douceur et de grâce. Comme le corps est caché sous le vêtement, ainsi, dans le courant de la vie, l'enveloppe seule, la grâce apparaît. Mais vienne une circonstance grave, l'enveloppe éclate et l'intérieur se révèle... Jamais Caroline ne s'était dit qu'elle dût, par le feu de son regard ou la majesté de ses attitudes, faire dire aux passants : « Voilà une femme qui a du nerf. » Son énergie était de principe et non de parade, une arme qu'elle maniait au moment voulu, mais qu'il était de bon goût, jusque-là, de ne pas tirer même à demi du fourreau.

Sans qu'il y eût donc de sa part la moindre dissimulation, mais simplement parce que Caroline avait la tenue modeste, discrète et réservée d'une jeune fille honnête, elle trompa de fond en comble son interlocutrice... Mme Fourneyron voulut même la mettre à l'épreuve, en affectant de la contredire. Là encore l'habileté fut dupe de la simplicité : les contradictions n'étaient point une épreuve pour Caroline. Elle estimait qu'il faut toujours céder à qui porte sur son front l'auréole des cheveux blancs. Il y a plus : depuis des années, Caroline s'était habituée à céder toujours et à tous, partout où la conscience n'était pas engagée. « Il faut être coulant sur les choses indifférentes, disait-elle, afin d'avoir le droit d'être intraitable sur les nécessaires. »

Somme toute, Caroline plut à Mme Fourneyron.

— Je la dominerai comme l'autre, se dit-elle.

La chose allait donc « sur roulettes, » et vous pensez sans doute, cher lecteur, qu'il n'y a plus qu'à publier les bans, se marier, amener à composition la maman Fourneyron, et filer des jours d'or et de soie.

Hélas! vous avez compté sans la poste, qui était destinée à jouer dans cette histoire un rôle si considérable.

CHAPITRE VII.

TOUT EST PERDU!... TOUT EST SAUVÉ!...

Mme Fourneyron, nous l'avons dit, avait conservé l'habitude de lire les lettres que recevait son fils, de les ouvrir du moins... pour le principe, et comme on fait au collége, même à l'égard des meilleurs écoliers. C'était une question de discipline... La mère de Xavier n'avait jamais pu se mettre dans la tête que son fils n'avait plus treize ans.

Pourtant, une fois le cachet rompu et les principes satisfaits, Mme Fourneyron se contentait de jeter un coup d'œil sur la signature... Elle voyait que c'était une lettre d'affaires, — Xavier n'en recevait guère d'autres, — et ne poussait pas la lecture plus loin.

Une fois, Xavier avait allégué timidement le caractère confidentiel que pouvaient avoir quelques-unes de ces missives. Alors la grande inquisitrice avait pris un air offensé.

— Vous défiez-vous de la discrétion de votre mère, Xavier? avait-elle dit.

Xavier, confus, n'avait su que trembler et se taire, *non* sans murmurer quelques excuses.

Donc, deux jours après cette visite chez Emma, dont le résultat avait été si favorable à Caroline, Xavier étant à son bureau, on remit, selon l'usage, à Mme Fourneyron, une lettre « pour M. Xavier, » — écriture ferme, droite, hardie, superbe.

— C'est de quelque chef de bureau, se dit la mère, en rejetant la lettre, intacte, sur le marbre de la cheminée.

Puis, elle eut un remords.

— Voyons pourtant au moins la signature. Remettre à Xavier une enveloppe en cet état serait un mauvais précédent. »

Et elle l'ouvrit.

Elle courut au bas de la quatrième page :

« CAROLINE. »

Toute autre se fût empressée de remettre dans son enveloppe cette lettre évidemment « personnelle. » Forte d'une longue habitude, la mère de Xavier sut trouver dans sa conscience des prétextes pour colorer sa curiosité, qui était surexcitée au dernier point. Elle lut la lettre, ou plutôt elle la but tout d'un trait; puis la relut, ou la but de nouveau par petites gorgées, et comme pour en savourer goutte à goutte l'amère liqueur.

Le texte de cette lettre n'est pas arrivé jusqu'à moi. Je sais seulement qu'en plus d'un passage, Caroline faisait des allusions transparentes au projet « de réduire » Mme Fourneyron. Il y était parlé du malheur de Xavier, de la part que sa faiblesse y avait eue, de la possibilité, — de la nécessité — de concilier le respect et l'amour filial avec la juste indépendance de l'homme et du chef de famille, des tentatives qu'elle, Caroline, se promettait de faire auprès de sa belle-mère, et dont elle espérait un plein succès, pourvu toutefois que, par un souvenir de son ancienne pusillanimité, Xavier ne vînt pas entraver ou désavouer sa femme au moment de l'action.

Mme Fourneyron était furieuse... si furieuse que, au retour de Xavier, elle ne trouva pas de paroles pour exhaler son indignation. Elle se contenta de montrer au malheureux, qui s'avançait en tremblant, une lettre dont il reconnut tout de suite l'écriture.

— Ainsi donc, dit la mère, quand, après un instant, la voix lui fut revenue, ainsi donc, monsieur, vous tramez un complot contre moi avec cette créature... Mais je vous avertis que vous serez seul pour le mettre à exécution. Je retire mon consentement, que je n'ai, Dieu merci, confié à aucun notaire, et qui est, d'ailleurs, évidemment révocable pour cause d'ingratitude. Si vous êtes décidé à vous révolter tout à fait, eh bien, vous n'avez qu'à me signifier des actes respectueux. »

Et, comme une princesse offensée qui traverse la scène, elle passa majestueusement devant Xavier et fut s'enfermer dans son boudoir.

— Je lui avais pourtant recommandé de ne m'écrire qu'au bureau, disait le pauvre déconfit, en regagnant sa chambre.

S'il eût été seul, Xavier eût évidemment abandonné la partie. Plutôt que d'essayer une résistance qui était au-dessus de ses forces et une lutte dans laquelle il sentait bien qu'il serait vaincu, il eût cédé sans coup férir.

Mais il avait un auxiliaire; il y a plus, son bonheur était lié désormais au bonheur d'une autre; son ancienne lâcheté ne lui était plus permise. Il envoya, par un exprès, à Caroline, ce billet, ou plutôt ce cri de détresse :

« Chère Caroline,

» Ma mère a lu votre lettre... Ma mère est furieuse... elle retire son consentement. Tout est perdu, si vous ne tâchez de me sauver, permettez-moi de dire : de *nous* sauver.

» Votre XAVIER. »

Caroline pensa tout de suite qu'il fallait frapper un grand coup. Comme un général qui profite même de ses fautes pour faire violence à la fortune, elle entrevit dans cette lettre imprudente le germe d'une crise heureuse et d'une révolution inespérée jusque-là.

Elle alla droit à Mme Fourneyron.

Tout entière à sa colère, celle-ci n'avait pas songé à interdire sa porte.

On lui annonça Caroline, ou plutôt on la lui introduisit, quelques heures seulement après la scène de la lettre.

Il n'y avait pas moyen de fuir.

— D'où vous vient, mademoiselle, dit-elle en se redressant, et avec une légère réminiscence de Télémaque, d'où vous vient, après ce que vous avez fait, cette témérité de me braver jusque chez moi? »

Suivit un débordement, je ne dirai pas d'injures, mais de reproches violents et presque d'insultes, et une dissertation entremêlée d'éloquentes apostrophes, sur les fils ingrats et les aventurières qui les poussent à l'oubli de leurs devoirs.

Caroline écoutait avec patience; et, tout en la regardant écouter, Mme Fourneyron se disait que ce n'étaient pourtant là ni le front ni l'attitude d'une aventurière.

Puis, quand la mère de Xavier fut à bout de forces; quand, si elle se fût écoutée, elle fût retombée épuisée sur son fauteuil — l'orgueil seul la tenait debout — il fallut bien laisser Caroline parler.

Caroline avait beau jeu. Après la passion et la violence, la modération et la sagesse sont comme des reines véritables succédant à des reines de théâtre.

Je ne dirai pas que Caroline eut l'habileté de ne pas abuser de ces avantages. Chez cet esprit élevé, aucune vanité ne se mêlait à l'amour pur et désintéressé du vrai. Rien ne l'avait blessée dans les prosopopées de Mme Fourneyron, rien, sinon de voir une femme de cet âge et de ce caractère se laisser entraîner par la colère et l'amour de la domination à une telle intempérance de langage.

Tout le temps qu'avait duré la philippique, Caroline avait tenu son esprit élevé vers le ciel, implorant ardemment le Père du Verbe de mettre sur ses lèvres des paroles capables de calmer cette effervescence, et d'aller découvrir, au fond de cette âme qu'elle croyait droite, la source sacrée des sentiments généreux.

Elle ne répondit rien, ni aux diatribes dont elle avait été l'objet, ni aux théories dont son adversaire avait fait un si pompeux étalage.

— Madame, dit-elle simplement, aimez-vous votre fils ? »

Le premier mouvement de la mère fut de répondre que cela ne regardait pas Caroline, et qu'elle, Mme Fourneyron, n'était pas faite pour subir les interrogatoires d'une petite fille.

Du fond de sa conscience, quelque chose lui dit qu'une telle réponse serait un déni de justice, et qu'après s'en être donnée à cœur joie d'attaquer Xavier et Caroline — ce que celle-ci avait supporté avec une patience angélique — il serait peu digne de refuser de suivre un instant cette sage personne sur le terrain qu'elle choisissait pour sa justification.

Mme Fourneyron répondit donc, d'un ton passablement rogue, pourtant un peu apaisé et où perçait une certaine curiosité,

— Oui, je l'aime. Et après?

— Après? Eh bien, madame, ce fils que vous aimez, vous le rendez malheureux, oui, malheureux au delà de toute expression..... Si vous ne l'aimiez pas, si vous étiez indifférente à son bonheur — hélas! cela se rencontre! — il n'aurait qu'à gémir..... Mais vous l'aimez et vous le faites souffrir! Il y a donc entre vous un malentendu auquel il importe de mettre un terme.

Des circonstances providentielles nous ont rapprochés, monsieur Xavier et moi. Vous aviez, il y a peu de jours, approuvé le projet que nous formions d'une union plus intime. Vous êtes libre de retirer cette approbation.

Aujourd'hui ce n'est plus comme la fiancée de votre fils que je me présente ici, mais comme son avocat.

Cette lettre qui est, par mon imprudence, tombée entre vos mains et qui a soudain changé toutes vos dispositions, je la considère comme une circonstance providentielle aussi, puisqu'elle amène aujourd'hui cette explication qui devait tôt ou tard arriver entre nous.

Oui, nous avons, votre fils et moi, tramé un complot... non contre vous et le juste respect qui vous est dû, mais pour lui et la juste indépendance dont il a besoin...

Oui, ce complot, il a bien fallu le former ; il a bien fallu que le Ciel envoyât à votre fils un auxiliaire, puisque seul il n'osait rien tenter, puisque l'esclavage dans lequel vous le tenez, l'habitude qu'il a conservée de trembler devant vous, ces chaînes qu'il porte à regret et qu'il n'ose secouer, puisque cette espèce d'enfance que vous semblez vouloir prolonger pour lui indéfiniment, l'empêchent de plaider sa propre cause et de combattre son propre combat.

— Ainsi, il veut plaider et combattre contre moi ! C'est filial !

— Non, madame. Ou, du moins, s'il semble, au premier abord, parler et s'armer contre vous, en résultat, il est, ou plutôt il m'a constituée, par la procuration de son amitié, votre champion plus encore que le sien.

Ne savez-vous pas que le malheur que l'on crée est plus lourd à porter, cause à l'âme de plus cuisantes douleurs que le malheur que l'on endure. Eh bien, je vous répète que vous rendez votre fils malheureux, votre fils que vous aimez, votre fils dont vous voudriez le bonheur... Vous le rendez malheureux, en le traitant à quarante ans comme à treize, en l'entourant d'une sollicitude ombrageuse, d'une autorité tracassière, d'une universelle ingérence, en voulant agir, penser, décider, aimer, vivre pour lui... toutes choses que la mère est chargée de faire pour son enfant...

tant qu'il est un petit enfant, toutes choses qui doivent cesser, s'effacer du moins et se transformer, qui tout au plus s'accordent à qui en demande la continuation, mais ne doivent jamais s'imposer quand l'enfant devient un homme. Traiter votre fils comme vous le traitez, ne tenir aucun compte de sa personnalité, vouloir qu'il n'ait aucune initiative, mais que partout et en toutes choses il suive la vôtre, c'est comme si vous vouliez qu'il allât se promener avec sa bonne, comme si vous l'envoyiez à l'école, ses livres et son panier sous le bras. C'est ridicule, c'est tyrannique.

C'est par cette verge de fer toujours sur la tête de cet homme enfant, c'est par ces coups d'épingle de tous les instants, par ces riens dont la suite et l'ensemble font de votre maison un enfer, c'est par la honte que Xavier ressent d'un tel état de choses, par la honte plus grande de n'oser rien faire pour y mettre un terme,—c'est par là que vous avez fait mourir de chagrin sa première femme. Interrogez les médecins : ils vous parleront de maladie de langueur, de causes morales. Tendrement aimée de ses parents, adorée par son mari, où étaient, sinon en vous, sinon en cet état de choses que je voudrais voir cesser, les causes morales qui ont tué la pauvre Aglaé?

Essayez donc,— puisque vous aimez Xavier sincèrement — essayez de l'aimer pour lui et non pour vous. Soyez la première à lui rendre une indépendance qu'il n'ose revendiquer. Il est seul; il est malheureux. Aidez-le à chercher une femme qui soit selon son cœur et selon le vôtre...

Je dis selon le vôtre. Et si mon billet d'hier et ma démarche d'aujourd'hui m'ont fait perdre vos bonnes grâces, ne songez plus à moi. Ne nous rendez pas ce consentement que vous nous avez retiré. Je resterai chez mes parents, où m'attend une mission ingrate, mais qu'à cause de cela même Dieu finira peut-être par bénir.

Xavier en aura peut-être un grand chagrin. Mais, une fois que vous lui aurez laissé un peu de liberté d'action, il saura bien trouver un cœur aussi capable que le cœur de la pauvre Caroline de rendre heureux un galant homme... Trois jours, il m'aura cru sa fiancée... J'aurai été sa libératrice... »

Ici Caroline sentit que l'émotion allait la suffoquer; mais elle vit Mme Fourneyron s'affaisser sur une chaise et pleurer à chaudes larmes. Et, comme Caroline s'arrêtait,

— Continuez, ma chère enfant, dit-elle, continuez. Vous me faites du bien... Mais surtout ne parlez pas de quitter mon fils. Car, à mon tour, j'en mourrais de chagrin.

— Que voulez-vous que je vous dise de plus? reprit la jeune fille qui s'était assise, et qui avait pris dans ses mains les mains de la mère de Xavier... Je sens que votre cœur est touché. Aussi mon dernier argument, celui que j'avais réservé pour la fin, ce n'est plus à vous que je l'adresse : c'est à celle que vous étiez, il y a une demi-heure.

Je voulais donc vous dire : Cela vous réjouit de penser que votre fils tremble devant vous... Craignez, madame, qu'à force de trembler, il ne se lasse d'aimer. Sans doute, il aura toujours pour vous la tendresse de devoir et de raisonnement : on respecte ceux qui nous font souffrir, on leur obéit, on leur vient en aide, on se dévoue à eux... Mais avoir pour eux ce sentiment tendre, ce transport du cœur qui, à chaque instant, à chaque pensée de ceux que nous aimons, semble vouloir nous jeter dans leurs bras et nous faire pleurer avec eux, oh ! que cela est difficile ! Quel effort pour conserver ce sentiment à l'égard d'un tyran domestique !

Mais, je ne vous dis plus cela... J'ai dit ce que j'avais sur le cœur. Je sens au serrement de votre main que vous pensez comme moi, que le malentendu a cessé... Nous sommes à votre merci. Voulez-vous que nous soyons deux à vous aimer ?...

Mme Fourneyron garda Caroline toute la journée. Elle ne lui dit presque plus rien ; mais elle se promena de chambre en chambre avec elle. Elle lui fit tout regarder et tout admirer ; et, à plusieurs reprises, elle lui dit :

— Tout ceci est à vous, ma chère. »

D'autres fois, portant les mains à ses yeux et à sa tête,

— C'est pourtant vous qui avez ouvert ces pauvres yeux, disait-elle, vous qui avez fait entrer dans cette pauvre tête une vérité qui me paraît, en ce moment, éblouissante comme le soleil, et que je n'avais jusqu'ici pas seulement soupçonnée... Ce niais de Xavier, c'est sa faute. Pourquoi ne parlait-il pas?

A quatre heures, Xavier revint de son bureau.

En entrant chez sa mère, il fut agréablement surpris de la trouver en tête-à-tête avec Caroline.

Il n'avait pas eu le temps de saluer en rougissant Mlle de Penhoat et d'embrasser Mme Fourneyron, que celle-ci lui jeta ces paroles en pleine poitrine :

— Tu es vraiment bien heureux, Xavier, d'avoir mademoiselle... Mais pourquoi donc, nigaud, ne m'avoir pas dit plus tôt toutes les choses sensées que cette chère enfant vient de m'exposer? Tu crois donc que je voulais faire ton malheur, méchant, ou que j'étais trop vieille ou trop têtue pour entendre raison! Merci! — Ne vas-tu pas m'accuser de t'avoir traité comme un petit garçon? Mais ne sais-tu donc pas que les peuples n'ont que les gouvernements qu'ils méritent? Il en est de même des individus. Pourquoi t'es-tu toujours tenu comme un enfant devant moi? Je t'ai traité en conséquence.

Pour rendre courte une longue histoire, comme disent les Anglais, ils se marièrent... il y a de cela plus de vingt ans... Ils prirent chez eux, — l'été dans la grande villa de Touraine, l'hiver dans un immense et patriarcal hôtel de la rue de Varennes, — M. et Mme de Penhoat. Caroline ne voulut pas que son bonheur pût altérer, en quoi que ce fût, le bonheur — même égoïste — de ses parents, ni rien enlever aux petits services qu'elle leur rendait.

Elle en eut la seule récompense que son cœur ambitionnât.

Dix ans après les événements que nous venons de raconter, M. et Mme de Penhoat, — que ce fussent les infirmités qui commençaient de les atteindre et qui les avertissaient de la mort, ou les vertus de leur fille et de leur gendre, et ce doux rayonnement qui embrassait dans son cercle bienfaisant tant de personnes et tant de choses; ou le souvenir de leur éducation chrétienne, ces souvenirs d'enfance qui quelquefois se réveillent si vifs chez les vieillards et établissent entre le berceau et la tombe de si mystérieuses affinités; ou que simplement ce fût comme un effort de la divine miséricorde, le prix des mérites de Caroline, la récompense accordée à des prières qui ne s'étaient jamais lassées, et à une espérance qui avait persisté en dépit de tous les motifs humains de désespérer, M. et Mme de Penhoat revinrent à des sentiments et à une conduite plus chrétienne. Ils parurent se déprendre peu à peu — hélas! ils quittaient ce qui allait les quitter — l'un de son culte de l'or, l'autre de son goût pour la parure: leur mort fut vraiment consolante.

Quant à Mme Fourneyron, rien ne put la décider à

habiter avec ses enfants. Elle craignait de retomber dans son ancien esprit de domination. Elle craignait pour Xavier une habitude invétérée d'obéissance. Elle se logea tout près d'eux l'hiver; et, l'été, on eut toutes les peines du monde à la faire consentir à deux ou trois mois de villégiature.

C'est Caroline elle-même qui, l'année dernière, m'a conté cette histoire, un jour que de la terrasse du château nous regardions couler la Loire et le soleil se coucher derrière les clochetons de Chambord.

Nous venions de déplier un journal, et à la quatrième page nous lisions l'annonce : « *Mariage sérieux.* — Un jeune homme veuf, sans enfants, grand propriétaire, » etc.

Caroline et Xavier se regardèrent.

— Tiens, dit Mme Xavier Fourneyron, il n'y a décidément rien de nouveau sous le soleil. Le jeu de l'oie est « renouvelé des Grecs. » Tous les cinq ans, « le grand serpent de mer » reparait dans les colonnes du *Constitutionnel*. Et l'annonce que voici est la reproduction textuelle d'un *advertisement* que j'ai lu, le 24 novembre 1842, dans la *Gazette de France*.

Encouragée par un regard de son mari, elle me raconta ce qui précède et me chargea de l'écrire.

Vous n'en avez pourtant, cher lecteur, que la seconde édition. La première, d'après les instructions de mes hôtes, a été transcrite avec grand soin sur papier végétal, puis adressée, poste restante, à M. X. Y. Z.

Qu'en est-il advenu? Je ne sais.

Si M. X. Y. Z. est un homme de cœur, ce très-authentique récit peut lui avoir suggéré quelques bonnes idées, quand ce ne serait que de ne pas tenir *mordicus* à cette condition des 100,000 francs.

Si M. X. Y. Z., au contraire, est un adorateur du veau d'or, un gastronome, un petit-maître, un libertin, eh bien, cette histoire des honnêtes amours de mes deux héros, ce seront autant de perles jetées devant un individu du règne animal, lequel reconnait Épicure pour son légitime pasteur...

Alors même peut-être l'envoi de mes amis n'aura pas été inutile. — Qui sait si la Providence, qui dirige toutes ces choses, ne conduira pas ce manuscrit en des mains et sous des yeux qui en sauront profiter?

BIBLIOTHÈQUE IMPÉRIALE

FIN.

www.ingramcontent.com/pod-product-compliance
Ingram Content Group UK Ltd.
Pitfield, Milton Keynes, MK11 3LW, UK
UKHW020604230726
13926UKWH00005B/2185

9 782013 364881